Emil Wisotzki

Hauptfluss und Nebenfluss

Versuch einer begrifflichen Nachbildung derselben

Emil Wisotzki

Hauptfluss und Nebenfluss
Versuch einer begrifflichen Nachbildung derselben

ISBN/EAN: 9783743610491

Hergestellt in Europa, USA, Kanada, Australien, Japan

Cover: Foto ©berggeist007 / pixelio.de

Manufactured and distributed by brebook publishing software
(www.brebook.com)

Emil Wisotzki

Hauptfluss und Nebenfluss

Hauptfluss und Nebenfluss.

Versuch einer begrifflichen Nachbildung derselben

von

Dr. Emil Wisotzki,

Realgymnasiallehrer und Bibliothekar des V. f. Erdk. zu Stettin.

———❖———

STETTIN.

In Kommission bei Léon Saunier.

1889.

Herrn Schulrat Dr. Krosta

dankbarst

zugeeignet

vom

Verfasser.

Inhalt.

~~~~~

IV. **Praktische Anwendung des gefundenen Merkmals an einigen Beispielen.**

I.

Die Geographie ist die begriffliche Nachbildung der Erdoberfläche [1]). Mit Recht ist deshalb das Verlangen nach scharf umgrenzten, auf rationellen Klassifikationen sich aufbauenden geographischen Begriffen immer lauter und schärfer betont worden [2]). Man wies die Aufstellung typischer Bezeichnungen für die geographische Darstellung der allgemeinen Erdkunde als wesentlichste Aufgabe zu [3]). Man könne, hiess es,

---

[1]) So löst die Geographie ihre „Minimumaufgabe, welche darin besteht, möglichst vollständig die Thatsachen mit dem geringsten Gedankenaufwand darzustellen". Mach, Die Mechanik etc. Leipzig. 1888 p. 461. Wenn man oft die Beschreibung so von oben herab gegenüber der Erklärung behandelt, so bedenke man doch, dass letztere, also die Erklärung nur Mittel zum Zweck, die Beschreibung jedoch das Endziel ist, als die begriffliche Nachbildung. Dabei verkenne ich durchaus nicht, dass auch die Erklärung wieder die Beschreibung voraussetzt, aber dann ist letztere noch nicht „begriffliche Nachbildung". Ähnliche Warnrufe wie jüngst Hahn (Klassiker der Erdkunde. Königsberg 1887. p. 240. 241) erliess schon Ebel: Über den Bau der Erde in dem Alpengebirge. I. Zürich. 1808. p. XXV. XXIX. Die begriffliche Nachbildung ist auch ein kritischer Massstab für die Beurteilung einer Länderkunde. Wie weit benutzt diese für ihren Nachbau die zur Zeit bereits gewonnenen Begriffe?

[2]) H. Wagner, Bericht über die Methodik der Erdkunde. Geogr. Jahrbuch X. 1884. p. 564.

[3]) Beck, Die Aufgabe der Geographie. Jahresbericht des Würtembergischen Vereins für Handelsgeographie. Stuttgart 1884. p. 100.

1

von dem Aufbau einer geographischen Wissenschaft
erst sprechen, wenn jede besondere Erscheinung ihren
Namen und in einem natürlichen System ihren Platz
unter den verwandten Erscheinungen erhalte [1]. —
Noch jüngst beschäftigte „Die schärfere Begrenzung
geographischer Begriffe" den sechsten deutschen
Geographentag zu Dresden, ja es wurde demselben
sogar zugemutet, sein Machtwort nach dieser Richtung
hin erschallen zu lassen [2].

Nun ist zwar, besonders seitdem Oscar Peschel
durch seine „Neuen Probleme der vergleichenden Erdkunde" vielfachen Anstoss gegeben, vieles und manches
Vortreffliche zur Ausbildung präciser geographischer
Begriffe geschehen, aber auch heute noch wie 1834
könnte Jackson schreiben: „Every one who has de-
voted his time to geographical studies must have felt over
and over again the want of a proper, explicit, and
comprehensive arrangement and nomenclature of the
several objects of the science"[3]. Noch unendliches
Material liegt in Form eines Schutthaufens da und
ist zu verarbeiten, bis wir gelangen zu einer „Syste-
matik, als Stellvertreterin allgemeiner und unsicherer
Beschreibungen, die durch ihre beständigen Wieder-
holungen gleichartiger Grundlagen die geographische
Wissenschaft zu einer widrigen Weitläuftigkeit und
Langweiligkeit anschwellen, welche der Überschaulichkeit
im höchsten Grade nachteilig gewesen ist"[4].

Wohl über keine anderen Begriffe, wenn überhaupt
in unserem Falle von Begriffen bereits gesprochen
werden darf, in der gesamten geographischen Wissenschaft herrscht aber eine tiefere Unklarheit, eine

---

[1] Ratzel, Über Klassifikationen geographischer Thatsachen.
Ausland 1884. p. 452.

[2] Verhandlungen etc. Berlin. 1886. p. 185—204.

[3] Journal of the R. G. S. London IV 1834. p. 84.

[4] Ritter, Einleitung etc. Berlin 1852. p. 135. 144.

grössere Verwirrung, eine weitere Verschiedenheit der
Auffassung, als über die Begriffe Hauptfluss und Nebenfluss. Wohl noch keine Definition derselben, wenn
überhaupt versucht, fand auch nur eine gewisse Zeit
hindurch allgemeinere Anerkennung, ja man könnte
fast sagen, wohl noch keine verlangte eine solche.
Seltsamerweise sind es nun aber gerade diese beiden
Begriffe, mit denen, glaube ich, am häufigsten operiert
wird, die uns am häufigsten entgegentreten und über
welche, man kann wohl sagen, am leichtfertigsten
Urteile gefällt werden. Selbst Laien glauben hier
eine entscheidende Stimme zu haben.

Die Bedeutung einer schärferen Begriffsbestimmung
von Hauptfluss und Nebenfluss möchte nach zwei Seiten
hin zu suchen sein, nach der theoretischen wie nach
der praktischen. [1])

Was die theoretische Bedeutung einer Bestimmung
der beiden Begriffe betrifft, so ist diese eine doppelte.
Ihre Bedeutung für die Wissenschaft an sich ist gleich
derjenigen aller anderen begrifflichen Nachbildungen
geographischer Objekte. Sie charakterisiert sich aus
dem am Anfange hierüber Bemerkten und braucht deshalb nicht weiter erörtert zu werden. Einer längeren
Auseinandersetzung bedarf dagegen ihre Bedeutung
für eine Reihe anderer potamogeographischer Fragen,
deren Beantwortung diese Begriffe geradezu als gegeben
voraussetzt.

Wir erwähnen zuerst die Frage nach den Stromlängen. Da nur gleichartige Grössen mit einander verglichen werden können, wenn ein wissenschaftliches Resultat sich ergeben soll, also Hauptfluss mit Hauptfluss und Nebenfluss mit Nebenfluss, so hat einer vergleichenden Messung die begriffliche Bestimmung der
zu messenden Flussläufe vorauszugehen. Anderenfalls

---

[1]) Nutzen vor Augen zu haben, ist für die Wissenschaft
keine Erniedrigung, lehrte Kant.

haben ganze Tabellen von Flusslängen nur einen be-
dingten wissenschaftlichen Wert. Dasselbe gilt von
den Gefällsverhältnissen der Flüsse. Auch hier sind
vergleichende Angaben von wissenschaftlichem Werte
nur unter derselben Bedingung gestattet. Erst wenn
diese letztere erfüllt ist, könnte man daran denken,
durch Vergleichung der Haupt- und Nebenflüsse auf
ihre Gefällsverhältnisse hin Eigenschaften zu erkennen,
die jeder Gattung besonders eigentümlich sind, die
also beide gegeneinander abgrenzen. Ebenso müsste
für manche andere Eigenschaften erst die Vergleichbarkeit der Objekte erwiesen werden.
Gehen wir zu einem anderen Punkte über. In
den Mémoires de l'Académie Royale des Sciences 1753,
pl. 24, giebt Buache[1]) eine Reihe von Flusskärtchen:
„essai d'un parallèle des fleuves de l'Europe pour
servir d'exemple du parallèle des fleuves disposés en
hauteur sur une même ligne et selon la distance la
plus courte des sources aux embouchures qui en sont
comme les bases avec le développement du cours de
chaque fleuve". Ritter nahm diese Idee auf und
versuchte von ihr „fruchtbare Anwendungen zu machen,

---

[1]) Dass Buache nicht nur über Isobathen, sondern auch über
Isohypsen bereits klar dachte, beweist folgende Stelle: „Je me
propose de tracer sur le relief des terres du globe physique des
lignes parallèles à la surface de la mer, comme je l'ai fait dans
son intérieur par rapport au relief de la Manche. De cette façon,
au lieu de supposer l'abaissement des eaux pour découvrir le
terrain qui fait la liaison de l'Angleterre avec la France, je ferai
le contraire sur le globe physique; car, en supposant les élévations
des eaux au-dessus du niveau réel de la mer, on apercevra les
terres qui se couvriraient par l'augmentation successive du volume
des eaux, en sorte qu'il ne resterait plus enfin que le sommet des
plateaux que j'ai fait remarquer dans mon plan physique; de cette
considération j'espère tirer quelques conséquences utiles pour
d'autres objects". Histoire de l'Académie. Paris 1757. p. 587, 588.
Vergl. Günther, Lehrbuch der Geophysik, I. Stuttgart 1884.
p. 289, 290.

was B u a c h e wie seine Nachfolger versäumten". [1])
Er eruierte das „Verhältnis des Abstandes der Quelle
von der Mündung des Stromes in direkter Distanz,
verglichen mit dem gekrümmten Wege, dem Ent-
wickelungslaufe des Stromes". [2]) So fand die Idee von
B u a c h e ihren Eingang in die geographische Litteratur.[3])
Wie man nun leicht erkennt, werden die sich ergeben-
den Zahlenwerte jenes Verhältnisses anders lauten, je
nachdem wir Rhone oder Saone, Missouri oder Missis-
sippi etc. als oberen Teil des Hauptflusses betrachten. [4])
   Ebenso bleibt die Bestimmung der „Normaldirektion" [5]) eines Flusses unserm „geographischen
Schicklichkeitsgefühl" überlassen, solange wir nicht den
Haupt- und Nebenfluss nachgewiesen. Und B u f f o n's
Gesetz der ostwestlichen Richtung der Ströme der
Alten wie der Neuen Welt [6]) könnten wir, wenn über-

---

[1]) Einleitung zur allgemeinen vergleichenden Geographie etc.
Berlin 1852. p. 143.
   [2]) Allgemeine Erdkunde etc. Berlin 1862. p. 182.
   [3]) Vergl. Sonklar, Allgemeine Orographie. Wien 1873.
p. 154. Günther, Lehrbuch der Geophysik, II. Stuttgart 1885.
p. 595.
   [4]) Nach Ratzel, Anthropogeographie p. 237, könnte es
scheinen, als ob der terminus technicus für dieses Verhältnis bei
Ritter u. sonst „Stromentwickelung" lautete. Es findet sich
jedoch bei Ritter, soweit ich ihn augenblicklich übersehe, kein
bestimmtes Wort dafür. Mit dem Worte Stromentwickelung bezeichnet er weiter nichts als die wirkliche Lauflänge. Übrigens
dachte auch Varenius (g. g. lib. I. cap. XVI prop. XV) schon
an dergleichen.
   [5]) Hausmann, von dem Ritter diesen Begriff übernahm,
brauchte (Reise durch Skandinavien 1806 u. 1807. IV. 1816 p. 324)
dafür das Wort „Hauptlängenausdehnung". Die Denzler'sche
Methode der Bestimmung der „mittlern Stromrichtung" erscheint
von unserer Frage ganz unabhängig. Studer, Lehrbuch der physikalischen Geographie und Geologie. Bern 1847. I. p. 98.
   [6]) Buffon, Allgemeine Naturgeschichte, II. Berlin 1771.
p. 137. Hoffmann, Physikalische Geographie. Berlin 1837. p. 568.

haupt, nur annehmen, wenn er uns in Bezug auf unsere Frage die nötigen Antworten geliefert.

Auch der bekannten Einteilung eines Flusses in Ober-, Mittel- und Unterlauf, wie sie von Ritter eingeführt, von andern mehr oder weniger modifiziert resp. anders begründet worden ist, hat vorauszugehen die Bestimmung des Hauptflusses. Denn die Charakteristik des Oberlaufes z. B. des Mississippi wird anders lauten, wenn wir seine Quelle im Itasca-See, als wenn wir sie im Felsengebirge finden; anders für die Donau, wenn wir ihren Ursprung in den Schwarzwald, als wenn wir ihn in die Alpen verlegen, anders, wenn wir Parana, als wenn wir Paraguay als Oberlauf des La Plata betrachten.[1]

Ausserordentlich wichtig wird die begriffliche Nachbildung von Hauptfluss und Nebenfluss bei der Klassifikation von Flüssen selbst, wie sie zum Teil nur angedeutet, zum Teil ausgeführt vorliegen.

Denn schon die Frage nach den zu klassifizierenden Objekten[2] verlangt die Kenntnis von Haupt- und Nebenfluss. Sind z. B. Tocantins, Maas, Etsch selbständige Flüsse oder Nebenflüsse von Amazonas, Rhein und Po? Je nach der Beantwortung, welche die lebhafte Diskussion, besonders über den Tocantins, auf diese Frage gegeben, werden sie entweder als selbständige Individuen in den betreffenden Klassen namentlich aufgeführt, oder sie verschwinden als Teile eines Ganzen. Ist richtig, was Volz schreibt: „Doppel-

---

[1] Vergl. K. E. v. Baer, Studien aus dem Gebiete der Naturwissenschaften. Petersburg 1876. Der Reden 2. Teil, III. Über Flüsse und deren Windungen. p. 116. „Wenn nach Ritter jeder Fluss einen stürzenden oder nur stark strömenden Oberlauf haben müsste, wäre die Kama als der Anfang der Wolga zu betrachten."

[2] Eine ähnliche Frage erhob sich auch bei der Klassifikation der Meeresräume. Vergl. meine Abhandlung hierüber. Stettin 1883. p. 21.

Systeme (zwei einfache Systeme münden zusammen):
z. B. Po und Etsch, Rhein und Maas, Amazonenstrom
und Tocantins"?[1]) Damit hängt auch die Bestimmung
der Grössenverhältnisse der Stromgebiete zusammen,
wie ebenfalls die Begriffsbestimmung von „Stromgebiet"
selbst. Dem oft nur augenblicklichen Belieben des
Einzelnen darf das doch nicht überlassen bleiben. [2])
Reclus, welcher dergl. Untersuchungen für zwecklos erklärt, antworte ich auf seinen Einwand: „c'est
le bassin d'écoulement tout entier et non tel ou tel
cours d'eau spécial, qui doit être regardé comme le
véritable fleuve"[3]) mit der Frage: gehören die genannten Flüsse Tocantins, Maas, Etsch zu dem betreffenden bassin d'écoulement tout entier oder nicht?
und aus welchen Gründen?

Gehen wir zu einigen Klassifikationen selbst über.
Einer der frühesten Versuche ist, wenn wir absehen
von Einteilungen, wie etwa die in Hauptflüsse, Nebenflüsse, Küsten- und Steppenflüsse[4]) und dergl., derjenige vom Colonel Jackson in seinen „Hints on the
subject of geographical arrangement and nomenclature"[5]).
Jackson betont die Notwendigkeit eines „systematic
arrangement of the objects of the science and the
establishment of a precise and comprehensive nomenclature". Er weist Einteilungen in Ströme, Flüsse und
Bäche zurück als zu unbestimmt und erklärt sich auch
gegen solche, deren Prinzip die Länge oder Breite

[1]) Lehrbuch der Erdkunde. Leipzig 1876. p. 535.
[2]) Guthe-Wagner, Lehrbuch der Geographie, I. Hannover
1882. p. 238. Anm. 1.
[3]) La terre etc. I. Paris 1883. p. 358.
[4]) J. F. W. Otto, Hydrographie. Berlin 1800. p. 140.
Kant (Vollmer), Physische Geographie, III. Mainz u. Hamburg
1803. p. 3. Buache, Essai de géographie physique. Histoire de
l'Académie Royale des sciences, année 1752. Paris 1756. p. 403.
[5]) Journal of the R. G. S. London, IV. 1834. p. 72—88.
„hundreds of terms absolutely call for precise definition."

oder Tiefe oder Anzahl der Nebenflüsse oder Grösse des Flussgebietes oder Wassermasse ist, weil „we should find that not only under each of these arrangements the rivers would be differently placed, but the progression in each list would still be so gradual as to baffle all attempts at a distribution into orders or classes founded on such data". Für die einwurfsfreieste Klassifikation erklärt Jackson dann jene, welche sich stützt auf „the orders of ramification". Seine Erklärung hiervon, noch unterstützt durch fünf farbige Flusskärtchen, lautet: „By ramification I understand generally the confluence of the streams, the one being regarded as recipient of the other; and by order of ramification I refer to the order of the recipient, as being primary, secondary etc., reckoned from the sea. Thus I say, a river falling directly into the sea is the primary recipient of the system to which it belongs, and all rivers falling immediately into this recipient form ramifications of the first order, what ever may be their number" u. s. w. So erhält er fünf Klassen: „all hydrographic systems comprising five orders and upwards would form the first class; those of four orders the second; those of three the third, and so on." Wir erkennen sofort die Grundschwäche des Systems, auch Jackson thut's.[1] „The same identical river may be arranged as one of the first, second etc. class, according as we determine it to be composed of different orders of streams." Er spricht es geradezu aus, dass der Klassifikation zuvorgehen müsse bei jedem Flusssystem die Bestimmung, welches sind die „recipients" und welches die „affluents". Um jedoch sein künstliches System zu halten, erklärt er die fernere Bestimmung von recipient und affluent „though extremely arbitrary" für ausgeschlossen, die augenblick-

---

[1] Diese Erkenntnis wird erleichtert durch eine Betrachtung seiner Kärtchen.

liche Benennung sei massgebend. Von dieser dürfe
man nicht abgehen! Da wir uns selbstverständlich
auf diesen Boden nicht stellen können, sondern an
Jacksons eignem Einwurf festhalten müssen, so
würde für uns, wenn wir von seinem Prinzip aus eine
Klassifikation versuchten, die Notwendigkeit einer vor-
herigen begrifflichen Bestimmung von Hauptfluss und
Nebenfluss vorliegen.

In derselben Lage befinden wir uns dem Klassi-
fikationsversuche Kriegks gegenüber. Derselbe hebt
den klimatischen und den chorographischen Charakter
der Flüsse hervor.[1] Von jedem dieser beiden Cha-
raktere aus liessen sich die Flüsse klassifizieren.[2]
Diese interessieren uns hier weniger. Mehr folgender
Versuch, nämlich die Einteilung der Flussfamilien in
mehrere Arten „nach dem Verhältnis der Glieder".
Als die durch ihre „Abweichung von der vollkommensten
Form auffallendsten Arten stellt Kriegk die nachfolgen-
den auf: 1. Flussfamilien ohne Nebenflüsse oder mit
nur sehr wenigen und sehr kleinen. 2. Einseitige
Flussfamilien, d. i. solche, deren Hauptfluss fast nur
von der einen Seite her gefüllt wird, von der andern
aber im Vergleich mit dieser geringfügige Zuflüsse
erhält. 3. Lose Familien, deren Hauptflusse die
Nebenflüsse nur träge und kaum zufliessen. 4. Sich
auflösende Familien, sie charakterisieren sich durch
die Neigung des Hauptflusses zu Stromspaltungen,

[1] Kriegk, Schriften zur allgemeinen Erdkunde. Leipzig 1840.
p. 130.

[2] Seine klimatische Klassifikation der Flüsse, „eine recht
eigentlich geographische Einteilung der Flusswelt", die zu einer
„Abteilung der Erde in Flüsse-Zonen" (woran wohl auch schon
Varenius (geographia generalis 1671. p. 222) dachte) führen würde,
ist von ihm aus „Mangel an zuverlässigen Daten" nur in allgemeinen Zügen entworfen, nicht weiter ausgeführt worden. Nachdem diese vorlagen, hat bekanntlich Woeikoff (Klimate der Erde,
I. Jena 1887. p. 39—55) eine solche versucht.

oder solche, bei denen im Verlaufe der Zeit Nebenflüsse aufhören in das Hauptbett zu fliessen.
Wie das hier kurz Dargelegte zeigt, musste dieser
Klassifizierung ebenfalls vorausgehen die Untersuchung
der Begriffe Haupt- und Nebenfluss. Denn ob z. B.
Rhone und Donau zu den einseitigen Flussfamilien zu
rechnen sind, hängt von der Entscheidung ab, wo wir
ihre Quelle zu suchen haben. Ist die Saone ein Stück
des Hauptflusses der Rhonefamilie, so gehört diese in
die Art der einseitigen Familien, andernfalls nicht.
Auch bei Peschel vermissen wir diese Vorunter-
suchung, wenn er die Ströme in Längs- und Querströme und jene wieder in zwei Arten teilt[1]). Er
nimmt Hauptfluss und Nebenflüsse jedes Stromsystems
stillschweigend als gegeben an. Ob aber z. B. der
Orinoco von ihm richtig klassifiziert ist, hängt davon
ab, ob wir denselben als Rio Paragua in der Sierra
Parime, wie das gewöhnlich geschieht, oder mit Humboldt [2]) als Guaviare in den Anden entspringen lassen.
Hängt mit diesem Mangel einer vorhergehenden Auseinandersetzung über das Hauptfluss und Nebenfluss
unterscheidende Prinzip nicht vielleicht auch das Fehlen
einer weiteren Einteilung der Querströme zusammen?
Ebenso hätte unseres Erachtens Supan dem „Bau
der Flusssysteme“, d. h. der „Anordnung der Flussläufe innerhalb eines Systems“, die „wissenschaftlichen
Prinzipien“ vorausschicken müssen, welche seiner Ansicht nach geeignet sind, Haupt- und Nebenfluss zu
unterscheiden. [3]) Er möchte sonst vielleicht nicht jedermann von dem einseitigen Bau des Jenisei überzeugen,
z. B. nicht Bersilov, welcher nach keines geringern

---

[1]) Neue Probleme. Leipzig 1876 p. 141 u. folg.
[2]) Voyages aux régions équinoxiales du nouveau continent.
t. II. 1819. p. 403. 404.
[3]) Grundzüge der physischen Erdkunde. Leipzig 1884. p.
364. 365.

als des Akademikers Middendorff Urteil die Frage
nach dem Oberlauf des Jenisei zu Gunsten der obern
Tunguska entschieden hat¹). Oder es könnte so auch
mancher an dem Paraguay-Parana den „häufigen Fall"
nicht bemerken, „dass zwei oder mehrere nahezu
gleich grosse Flüsse diagonal einander zuströmen und
erst nach ihrer Vereinigung einen deutlich erkennbaren
Hauptstrang bilden ²).

Hierher gehört auch die von Chavanne bemerkte Eigentümlichkeit der grossen afrikanischen
Ströme, nämlich die deutlich ausgesprochene, auf be-
stimmte Strecken beschränkte, einseitige Entwickelung
der Zuflüsse" ³).

Zur Illustrierung der praktischen Seite unserer
Frage teile ich folgende Erzählung Gmelins mit.
Derselbe hielt sich in der Hoffnung auf seine baldige
Rückkehr im westlichen Sibirien auf und kam am 18.
August 1741 in der Ajevskaja Sloboda an und berichtet: „Diese Sloboda liegt am südöstlichen Ufer
des Ajew, eines Flusses, der sich etwas unterhalb der
Überfahrt mit dem Osch vereinigt, und längs welchem
die Reise seit der Überfahrt über den Osch ging. Es
ist ein grosser Streit unter den Oschischen und Ajewischen Bauern, welcher von diesen zween Flüssen in
den andern falle. Die Oscher sagen, ihr Fluss habe
den entferntesten Ursprung unter beiden; ja, nicht weit
von seinem Ursprunge nehme er von der westlichen
Seite einen Bach Karasjak ein, der ebendaselbst, wo
der Ajew, entspringe, und von welchem keineswegs ge-

¹) Reise in den äussersten Norden und Osten Sibiriens.
IV. Teil 1. St. Petersburg 1867. p. 193.
²) Ähnlich bezeichnet Günther, Lehrbuch der Geophysik II.
Stuttgart 1885. p. 598, Paraguay und Parana als die Komponenten
für den La Plata.
³) Josef Chavanne, Afrikas Ströme und Flüsse etc. Wien
1883. p. 10.

zweifelt werde, dass er in den Osch falle. Endlich
berufen sie sich auf ein altes Herkommen, dass man
es von Alters her dafür gehalten. Die Ajewischen
Bauern hingegen sagen, der weite Ursprung thue nichts
zur Sache, es sei genug, dass beide Flüsse, ehe sie
zusammen laufen, gleich gross seien; und wollte man
sie in Ansehung der Grösse beurteilen, so sei nicht
möglich zu bestimmen, wem die Ehre gebühre. Der
Lauf dieser Flüsse aber gebe den Ausschlag. Der
Ajew behalte bis zum Irtisch hin einen ganz gleichen
Lauf, also sei er bis dahin einerlei Fluss; hingegen
komme der Osch schief zum Ajew und richte sich
nach seiner Vereinigung nach dem Laufe des Ajew;
also höre er nach der Vereinigung auf Osch zu sein.
Der Streit rührt daher. Die Ajewer haben einen Be-
gnadigungsbrief, dass das Land zu beiden Seiten des
Ajews bis zu der Mündung von ihnen genutzt werden
könne. Sie erstrecken also aus oben erwähnter Ursachen
ihr Recht bis zu dem Irtisch und lassen ihr Vieh bis
dorthin gehen, welches aber die Oscher, wann sie es
daselbst sehen, wegjagen. Unter diesen zwo Parteien
ist eine grosse Erbitterung. Als mir die Ajewer die
Sache erzählt hatten, so liess ich zur Kurzweile ein
paar Oscher Bauern, die unter den Fuhrleuten vorhanden waren, kommen und fragte sie, warum sie
ersteren so grosses Unrecht thäten? Hierauf erzählten
sie die Gegenursachen, die ich schon oben angeführt
habe. Weil aber die Ajewer mit zuhörten, so wurden
sie gegen die Oscher sehr aufgebracht und straften
sie Lügen; diese wollten auch nichts auf sich sitzen
lassen und keine Partei wollte nachgeben. Es kam
endlich zu Scheltworten, von denen vermutlich Schläge-
reien entstanden sein würden, wo ich ihnen nicht das
Stillschweigen auferlegt hätte"[1].

---

[1] Joh. Georg Gmelin's Reise durch Sibirien. 1733—1743.
IV. Göttingen. 1752. p. 170.

Dass unsere Frage auch zur politischen Staats-
aktion werden kann, berichtet H. Greffrath bei der
Darstellung des Flusssystems der australischen Kolonie
Neu-Süd-Wales[1]). „In der Kolonie Viktoria hat man
in neuester Zeit nachzuweisen versucht, dass der
jenseit der Einmündung des Murrumbidgee R. gelegene
obere Lauf des Murray R. nicht zum eigentlichen Murray-
Flusse gehöre, sondern vielmehr einen Nebenfluss desselben bilde, dagegen sei der Murrumbidgee R. als
die eigentliche Fortsetzung des unteren Murray anzusehen. Daraus folgert man denn, dass, da laut Par-
lamentsakte der Murray R. bestimmt sei, die Grenze
zwischen Viktoria und Neu-Süd-Wales abzugeben, der
jetzt zu letzterer Kolonie gehörige grosse Murrumbidgee-
Pastoral-Distrikt ein integrierender Teil von Viktoria
sein müsse." Greffrath fügt hinzu, dass die Entscheidung darüber seit Oktober 1870 dem Privy Council
in London vorliege. Die Entscheidung ist mir nicht
bekannt geworden. Zwischen Brasilien und Paraguay
schwebt ein ähnlicher Streit[2]).

Es lässt sich somit die Behauptung aufstellen,
dass die begriffliche Nachbildung von Hauptfluss und
Nebenfluss auch praktische Bedeutung gewinnen kann.
Hierfür sprechen noch sonstige analoge Fälle[3]).

Aus den hier angeführten theoretischen wie praktischen Gründen geht, hoffen wir, deutlich hervor, wie
eine endliche Einigung über die Begriffe Haupt- und

---

[1]) Zeitschrift der Gesellschaft für Erdkunde zu Berlin. 1871.
p. 160.

[2]) Peter. Mitth. 1875. p. 110.

[3]) Spix und Martius, Reise in Brasilien 1817—20. III
München 1831. Über die Generalkarte von Süd - Amerika von
Prof. Dr. Ed. Desberger. p. 20. In der Philosophical Society of
Washington „Mr. R. D. Cutts presented a paper on the mis-
application of geographical terms, as bearing especially on the
question of the interpretation on the fishery right treaties."
Smithsonian miscellaneous collections. XX. Washington 1881. p. 39.

Nebenfluss immer notwendiger wird. Dass ich selbst durchaus nicht der Ansicht sein kann, dieses Definitivum herbeizuführen, davor schützen mich die Lehren der Geschichte der Wissenschaft.

II.

Trotz dieser ihrer grossen Wichtigkeit für die geographische Wissenschaft ist ihre Bedeutung meines Wissens fast gar nicht erkannt worden. Es hat sich bisher fast immer nur um die Erteilung von Eigennamen, noch nie um die Konstruktion von Artbegriffen gehandelt. Immer wieder ist die Frage gestellt worden: heisst der vereinigte Fluss Rhone oder Saone? Donau oder Inn? Missouri oder Mississippi? Oder man hielt die Frage, welches ist der Hauptfluss und welches die Nebenflüsse, durch die Namengebung bereits für beantwortet. Noch nie ist, soweit ich die Litteratur übersehe, im wissenschaftlichen Sinne die Frage erhoben worden, welches ist die Natur eines Hauptflusses im Gegensatz zu derjenigen der Gesamtheit seiner Nebenflüsse? Hauptfluss und Nebenfluss sind der Wissenschaft bisher nur leere Worte, nicht Begriffe mit einem bestimmten Inhalt gewesen.

Versuchen wir unsere Behauptung durch einige Citate zu belegen und zu beweisen. Wir verfahren hierbei rein chronologisch, da von einer geschichtlichen Entwickelung nichts zu bemerken ist.

„C'est, poursuit Mr. l'Abbé de Vairac dans ses Notes sur les commentaires de César, un grand problème entre les géographes si la Dordogne entre dans la Garonne, ou la Garonne dans la Dordogne, parce que, dès que leurs eaux sont mêlées, toutes les deux perdent leur nom"[1]).

---

[1]) Le Grand Dictionnaire géographique par M. Bruzen la Martinière. IV. 1732. Article: Garonne. Leider war es mir trotz vieler Mühe nicht möglich, die Notes etc. in die Hand zu bekommen.

Gmelin bemerkt: „Wo mir recht ist, so halten die Heiden den Jenisei von der Mündung der Tunguska an bis an das Eismeer hin mit der Angara und Tunguska noch für einen Fluss; hingegen der Jenisei oberhalb der Mündung der Tunguska heisst bei ihnen Kem. Doch hieran ist nicht viel gelegen. Die Erdbeschreibung wird dadurch weder gebessert, noch verschlimmert" [1]).

Fischer erörtert in seiner „Sibirischen Geschichte" die Geschichte des Namens Jenisei und schliesst: „Wären die Kosaken zuerst zu den Tungusen gefahren, so würde der Joandesi nicht nur seinen Namen behalten haben, sondern er würde auch für den Haupt- und der Kem nur für einen Nebenfluss gehalten worden sein." Er erklärt jedoch: „um den Leser nicht irre zu machen, werden wir im Verfolg dieser Geschichte die jetzt gewöhnlichen Namen dieser beiden Ströme behalten" [2]).

Kant knüpft den Charakter eines Flusses als Nebenfluss geradezu an den Verlust des Namens: „Nebenflüsse sind die, welche sich in andere ergiessen, ohne ihren Namen zu behalten" [3]).

Humboldt: „Pour ne pas embrouiller davantage une nomenclature de fleuves si arbitrairement fixée, je ne proposerai point de nouvelles dénominations. Je continuerai à „nommer Orinoque le fleuve de l'Esméralda." „C'est à tort sans doute que les géo-

[1]) Joh. Georg Gmelin's Reise durch Sibirien 1733—1743. III. Göttingen. 1752. p. 120. 121.

[2]) Joh. Eb. Fischer, Sibirische Geschichte I. Petersburg 1768. p. 389.

[3]) Physische Geographie. Vollmer. III. Mainz und Hamburg 1803. p. 3. Ähnliches lesen wir bei Ersch u. Gruber, wo Hankel (Fluss. p. 455) schreibt: „Derjenige Fluss, welcher nach der Vereinigung mit einem anderen seinen Namen behält — führt den Namen des Hauptflusses; die bei ihrer Vereinigung mit ihm ihre Namen verlierenden Flüsse heissen dagegen Nebenflüsse."

graphes d'Europe n'admettent pas la manière de voir
des Indiens, qui sont les géographes de leur pays;
mais en fait de nomenclature et d'orthographe il est
souvent prudent de suivre une erreur qu'on vient de
signaler." „Je pense plutôt que l'Atabapo se jette
dans le Guaviare, et que c'est par ce dernier nom que
l'on devrait désigner la partie du fleuve que l'on rencontre depuis l'Orénoque jusqu'à la mission de San
Fernando" [1]).

Link: „Jeder Fluss muss einen Namen haben,
damit man ihn von anderen unterscheiden könne, und
da der Fluss aus einem Bache gebildet wird, welcher
andere Bäche aufnimmt, so muss natürlicherweise der
Bach den Namen des Flusses führen, welcher aus ihm
entsteht, und umgekehrt." „Übrigens ist die Sache
von keiner grossen Bedeutung, denn hergebrachte
Namen darf und kann man nicht ändern" [2]).

Auch Heinrich Berghaus spricht nur von dem
Eigennamen, nicht von dem Charakter, welchen Haupt-
und Nebenfluss besitzen: „Jedes nur einigermassen be-
trächtliche Wasser hat seinen eigentümlichen Namen,
und von zwei oder mehreren Flüssen, welche zusammenfliessen, erhält sich nur der Name des einen von ihnen"
u. s. w. Das sei übrigens auch „bedeutungslos" [3]).

Der bereits genannte Jackson erkannte, wie wir
sahen, richtig als notwendige Grundlage seiner Klassifikation der Flüsse die Bestimmung von Haupt- und
Nebenfluss. Ihm schienen jedoch die Schwierigkeiten
derselben unüberwindlich, und so tröstete er sich:
fortunately, most rivers are not only named but in

---

[1]) Voyages aux régions équinoxiales du nouveau Continent.
t. II. 1819. p. 402—404.

[2]) Handbuch der physikalischen Erdbeschreibung I. Berlin.
1826. p. 266. 267.

[3]) Allgemeine Länder- und Völkerkunde II. Stuttgart 1837.
p. 111. Vergl. Berghaus, Die ersten Elemente der Erdbeschreibung.
Berlin. 1830. p. 207.

most cases it is already determined which are the
recipients and affluents of each other. This determin-
ation, though extremely arbitrary, cannot now be
changed, nor would it be advisable to change it"[1].
Auch Friedrich Hoffmann bezeichnete die
ganze Angelegenheit als „für die Natur der Sache
selbst bedeutungslos", da es sich für ihn dabei auch
nur um die Eigennamen handelte[2].
Wie wenig G. A. v. Klöden das Wesen unserer
Frage erfasst hat, mag folgende Stelle zeigen: „Demnach
wird die Frage, wo die Donauquelle sei, einfach so zu
entscheiden sein, dass wir aufwärts denjenigen Strom verfolgen, welcher diesen Namen führt; und damit fällt dem
mächtigen Inn mit seiner entfernter liegenden Quelle die
Rolle eines Nebenflusses zu"[3]. Der Inn ist also ein
Nebenfluss der Donau, weil er eben nicht Donau heisst!

Ebenso handelt es sich für Peschel nicht um
begriffliche Auseinanderhaltung von Haupt- und Nebenfluss, sondern um die Eigennamen der Ströme. Öfter
gewähre man jedem grösseren Abschnitte eines Stromes
einen besonderen Namen. Noch mehr walte da Willkür, wo weder der längste, noch der wasserreichste,
sondern irgend ein geringfügiger Quellarm dem Haupt-
arme seinen Namen verliehen habe. Aus einer nach
bestimmten Gesichtspunkten ausgeführten Untersuchung
gehe hervor, dass eine nicht geringe Anzahl von
Strömen falsche Namen besitze. An den hergebrachten
Namen aber lasse sich nichts mehr ändern[4]. Dass

---

[1] Hints on the subject of geographical arrangement and
nomenclature. Journal of the R. G. S. London. IV. 1834. p. 77.
Nur für die noch nicht benannten Flüsse, z. B. in Süd-Amerika,
verlangt Jackson ein bestimmtes Prinzip der Benennung.
[2] Physikalische Geographie. Berlin. 1837. p. 539.
[3] G. A. v. Klöden, Das Stromsystem des Obern Nil. Berlin.
1856. p. 3.
[4] Peschel-Leipoldt, Physische Erdkunde. II. 1880. p. 369—
371. II. 1885. p. 406—408.

P e s c h e l sich hier begnügt, nur die Eigennamen der
Flüsse zu behandeln, ohne jeden Versuch, Hauptfluss
und Nebenfluss begrifflich zu erfassen, muss um so
mehr verwundern, als seine Abhandlung über den Bau
der Ströme in ihrem mittleren Laufe ihn, wie schon
oben bemerkt, dazu hätte auffordern müssen."

Auch R e c l u s zeigt vielfach, dass es sich für
ihn nur um Namen, um die Eigennamen der einzelnen Flussläufe handelt. In Algier, Peru, Neu-Gra-
nada hätte man gar keine Schwierigkeiten, „car la
rivière porte un nouveau nom à chaque affluent considérable." Die Bestimmung von Hauptfluss und
Nebenfluss sei überflüssig und zwecklos, denn „quelque soit le résultat des investigations d'un savant,
il doit finir par se courber devant la toute-puissante
tradition." „Car c'est la toute-puissante tradition, qui
a nommé les fleuves; c'est elle qui, par suite de mille
circonstances — s'est décidée, d'une manière arbitraire
en apparence, à donner à tels ou tels cours d'eau la
prééminence sur les autres rivières du même bassin."
„La nature vivante ne s'accommode point de ces classi-
fications rigoureuses dans lesquels les pédants vou-
draient l'enfermer." „Il est trop tard désormais pour
changer la nomenclature hydrographique." Ihm sind
„les noms de rivières composés de ceux des affluents
principaux les seules expressions géographiquement
vraies [1])".

An Reclus schliesst sich eng an K l e i n: „Gegenwärtig hat in fast allen Fällen der Sprachgebrauch
den Geographen längst und für immer der eben ange-
deuteten Schwierigkeiten überhoben, und nur in bis
dahin unbekannten Ländern mag der Entdeckungs-
reisende gelegentlich ungewiss sein, welchen Fluss er
für den Hauptstrom halten soll. Diese Schwierigkeiten

---

[1]) Reclus, La terre L Paris 1883. p. 356—358.

sind um so grösser, als bei unkultivierten Völkern
die Ströme in den einzelnen Teilen ihres Laufes stets
andere Namen führen" [1].

Auch für M a r i n e l l i schmilzt die Bedeutung
des Gegenstandes in die Frage zusammen: „Ora, dei
molti affluenti, quale dovrà portare la palma e im-
porre il proprio nome al fiume" [2].
Noch jüngst lasen wir bei H e r m a n n R o s -
k o s c h n y , der immer wieder auf unsere Frage ein-
geht: „V i c t o r R a g o s i n, der sorgfältig alles ge-
sammelt hat, was sich als Beweis für das Vorrecht
der Oka verwerten lässt, kommt zu dem Schlusse,
dass die Oka der Hauptstrom, die Wolga aber ein
Zufluss desselben sei. Vor seiner scharfen Kritik vermag die Wolga ihre angemassten Vorrechte allerdings
nicht zu behaupten, aber einen praktischen Wert hat
solch eine Erörterung nicht, denn im grossen und
ganzen dreht es sich dabei doch nur um die Frage,
ob der Riesenstrom unter dem Namen Wolga 3512,
oder ob er unter dem Namen Oka 3684 Werst lang
sein soll. Dem „Mütterchen Wolga" heute noch seinen
Namen zu nehmen ist undenkbar" [3].
Ja auch P e n c k schrieb noch in diesen Tagen:
„Die Entscheidung, welcher von beiden in den andern
mündet, wird dadurch erschwert, dass der aus ihrer
Vereinigung hervorgegangene Strom einen neuen Namen trägt und Merwede heisst" [4].
Die soeben erschienene „D e n k s c h r i f t über die
Ströme Memel, Weichsel, Oder, Elbe, Weser und Rhein"
belehrt uns: „Es muss hier hervorgehoben werden,

[1] H. J. Klein, Die Erde und ihr organisches Leben. I. Physische Geographie. Stuttgart. p. 282.
[2] Marinelli, La terra, trattato popolare di geografia universale.
1883. p. 395.
[3] Hermann Roskoschny, Die Wolga und ihre Zuflüsse. Geschichte, Ethnographie, Hydro- und Orographie. Leipzig 1887. p. 268.
[4] Unser Wissen von der Erde. Europa. I. 2. p. 444.

dass nicht eigentlich der Bug ein Nebenfluss der
Weichsel ist, sondern der Narew, da der aus der Vereinigung dieser beiden Flüsse entstehende und in die
Weichsel mündende Fluss den Namen Narew führt"[1].
Ebenso urteilen De La Noe und de Margerie:
„Il semblerait juste que le choix du cours d'eau qui
doit donner son nom à un bassin fût basé sur cette
considération; il en résulterait probablement des mo-
difications dans la nomenclature hydrographique
courante"[2].

Die Zahl derjenigen, welche unserer Frage gegenüber auf diesem Standpunkte stehen,[3] ist eine ausserordentlich grosse; doch unterlassen wir es, weitere Be-
läge heranzuziehen. Derselbe lässt sich vielleicht nicht
besser charakterisieren als durch jenen Ausspruch des
Varenius bei Gelegenheit der Klassifikation der
Meeresräume. Derselbe schliesst nämlich die Untersuchung mit folgenden Worten: „Res est non magni
momenti. Sequatur quilibet, quod ipsi optimum vide-
tur. Magis enim a nostra fictione, quam a natura
dependet haec divisio"[4].

Diese ganze Richtung und Auffassung ist meines
Erachtens zurückzuweisen und derselben gegenüber
zu behaupten und daran festzuhalten, dass es sich bei
der Frage nach Hauptfluss und Nebenfluss nicht handelt
um die Eigennamen der einzelnen Flussläufe. Letztere,

---

[1] Bearbeitet im Auftrage des Herrn Ministers der öffent-
lichen Arbeiten. Berlin. 1888. p. 43. Anm.

[2] Les formes du terrain. Paris. Imprimerie nationale. 1888.
p. 62.

[3] Eine soeben mir in die Hand gekommene Abhandlung
über die Oderquelle von Mallende (Zeitschrift für Schulgeographie.
1888. Nov. p. 41) spricht von verhängnisvollen Irrtümern, ohne
nachzuweisen, worin der Irrtum besteht, die Ostrawitza z. B. als
Oberlauf der Oder zu betrachten. In Wirklichkeit handelt es
sich hier um den Namen „Oder".

[4] Varenius, Geographia generalis. Amstelodami. 1671. p. 116.

die Eigennamen, sind eine Thatsache, an der nicht zu
rütteln und nichts zu ändern ist. Wir sehen mit Supan
in den „üblichen Flussnamen lediglich Verständigungs-
mittel", [1]) mit denen unsere Frage in Wirklichkeit garnichts zu thun hat. Es handelt sich vielmehr um die
begriffliche Nachbildung von Hauptfluss und Nebenfluss, um die jeden dieser beiden Begriffe konstituierenden Elemente, um die Faktoren, welche, einander aus-
schliessend, Hauptfluss und Nebenfluss in ihrem verschiedenen Wesen charakterisieren und sie als verschiedene Arten einander gegenüberstellen. [2]) Res
quaerimus, non nomina!

Um zu diesem Ziele der begrifflichen Nachbildung
zu gelangen, schlagen wir den historischen Weg ein;
finden wir doch auf diesem warnende und ratende
Vorgänger und dürfen demnach hoffen, jenes so eher zu
erreichen. Ausserdem aber sind wir erfüllt von der
Wahrheit des Ritter'schen Ausspruchs: „Dazu ist
die dankbare Anerkennung des Verdienstes der Vorgänger wohl die erste Pflicht echter Wissenschaft, die
dem Entdecker und Beobachter nicht nur sein teuer
erworbenes Eigentum für die Nachwelt nicht vorent-
halten darf, sondern die sich auch selbst und ihren
Theorien und Systemen durch den dünkelvollen Schein
der All- und Selbstwisserei für die Zukunft nicht selten
die grösste Verwirrung bereitet. Die Arbeit ist zwar
weit mühsamer, aber sie bereitet den einzigen Weg,
ohne ewige Verwirrung und oft die grössten Rück-

---

[1]) Physische Erdkunde. Leipzig 1884. p. 364.

[2]) Nicht verschweigen will ich, dass F. v. Richthofen bei
der Besprechung der Thalfurche des oberen Han bemerkt: „wenn
auch der Hei-lung-kiang sich als bedeutend länger erweist, als der
Fluss des Hauptthales oberhalb der Vereinigung mit ihm, so ist
ihm doch deutlich nur der Charakter eines Zuflusses aufgeprägt."
China. II. p. 591. Anm. Leider fügt Richthofen nicht hinzu,
worin dieser Charakter besteht.

schritte am sichersten sich der Wahrheit immer mehr und mehr zu nähern."[1])

Unser historisches Verhör zerlegen wir in zwei Teile.

In dem ersteren führen wir diejenigen unterscheidenden Momente vor, welche „au point de bifurcation" gewonnen und bestimmt sind, einen Flusslauf als Hauptfluss gegenüber einem andern als Nebenfluss zu bezeichnen. In dem zweiten, erst weiter unten folgenden Teile berichten wir von jener Auffassung, welche, wenn auch nirgends ausgesprochenermassen, so doch thatsächlich den einen Flusslauf als Hauptfluss allen andern als Nebenflüssen gegenüberstellt. Während dort beabsichtigt wird, wenigstens in den meisten Fällen, ein allgemeines Prinzip aufzustellen, geschieht dies hier nur selten, gewöhnlich beschränkt sich die Untersuchung auf den vorliegenden Fall.

Wenn wir dieses Verhör nicht sachlich, d. h. mit Zugrundelegung der einzelnen Prinzipien, was seine Vorteile hätte, sondern nach Autoren und dazu noch im Ganzen chronologisch geordnet hier vorführen, so geschieht dies, weil 1. von einer inneren Entwickelung der Frage keine besonderen Anzeichen vorliegen, 2. weil beinahe keiner der Autoren sich mit einem einzigen entscheidenden Moment begnügt, sondern eine ganze Anzahl derselben ins Treffen führt, und weil 3. der Grad der von dem betreffenden Autor diesem oder jenem Faktor zugewiesenen Bedeutung oft erst aus dem Zusammenhange deutlich wird. Auch tritt die

---

[1]) Ritter, Allgemeine Erdkunde. Asien, II. 1833. p. 495. Noch kürzlich mahnte ebenso K. v. Fritsch, Allg. Geologie. Stuttgart. 1888. p. VI. Die massenhafte Produktion würde sich ausserordentlich verringern und verlangsamen, wenn man solche Mahnungen genügend beachtete.

Verworrenheit, welche über die unsere Frage entscheidenden Merkmale herrscht, in der losen, chronologischen Aufzählung schärfer hervor.

Wir gehen bis auf die „älteste geographische und statistische Beschreibung eines Landes, die auf uns gekommen ist,"[1]) zurück, auf die älteste Reichsgeographie von China, den Yü-Kung. Es handelt sich um den Yang-tsze-kiang. Richthofen giebt eine wörtliche Übersetzung der betreffenden Stelle und fügt hinzu: „Es ist erstaunlich, wie richtig der Lauf des Kiang hier beschrieben ist. Allerdings ist es nicht der Yang-tsze-kiang unserer heutigen Karten, welcher in Tibet entspringt, sondern der Fluss, welcher zu allen Zeiten der Kiang par excellence oder der Ta-kiang genannt wurde.[2]) Von der Mündung bis Hsü-tshóu-fu im westlichen Sz'-tswan sind beide identisch. Dort entsteht der Strom aus der Vereinigung zweier grosser Flüsse. Dem gewöhnlichen Gebrauch entsprechend betrachten wir in Europa den Kin-sha-kiang als den obern Yang-tsze, während der Chinese, von rein praktischen Gesichtspunkten ausgehend, in dem Min die Fortsetzung des Ta-kiang, im Kin-sha-kiang aber einen Zufluss desselben sieht."[3]) Auf dem Min-kiang können nämlich die grossen Fahrzeuge hinauf gehen bis zur Ebene von Tsching-tu-fu, während oberhalb Hsü-tshóu-fu der Kin-sha-kiang für grosse Schiffe unzugänglich ist.[4]) Auch beim Han ist es, gerade wie im Falle des Ta-kiang, die Schiffbarkeit, welche die Grenze

---

[1]) F. v. Richthofen, China. I. p. 298 (vor dem Jahre 2000 v. Chr.).

[2]) Auch heute noch, nach Ansicht der Eingeborenen, der Hauptname des Yang-tsze-kiang. Peter. Mitt. 1883. p. 24. 1861. p. 423. Anm.

[3]) China I. p. 325.

[4]) a. a. O. p. 253.

für den Gebrauch des Hauptnamens bedingt.[1]) Wir
gehen sofort über auf die neuere Zeit.[2])

Pater Acuña liess sich 1639 folgendermassen
hören: „In assigning a source and origin of this
great river of Amazons, which up to this time has
remained concealed, each country has striven to make
out a title to be the mother of such a daughter; attri-
buting to their own bowels the first sustenance which
gave it being and calling it the river Marañon." Er
nennt mehrere Flüsse, welche von ihren Anwohnern
als Oberläufe des Amazonas betrachtet würden. Seine
eigene Ansicht tritt nur nebenbei hervor: „The Japura as if recognizing a superior, turns its course, and
comes to do homage to the Amazons"[3]).

Dass Varenius der Richtung als dem leitenden
Prinzip den Vorzug vor auderen gegeben, liesse sich
vielleicht aus folgender Stelle schliessen, wo er die
„lacus, per quos quidam fluvii videntur transire" behandelt. Er sagt: „Et si egrediens fluvius sit in
directa circiter linea situs cum ingrediente, unus idem-

---

[1]) a. a. O. p. 324. Übrigens werden nach Oxenham aus der
Provinz Sz'-tswan dem Yang-tsze-kiang die grössten Wassermassen
zugeführt. Journal of the R. G. S. of London 1875, p. 179. In
William Gill, The River of Golden Sand, with an introductory
essay by Henry Yule. London 1880. I. p. 166 wird erwähnt
(introd. essay, p. 36), dass the great emperor K'ang-hi, der von
sich selbst sagte: „from my youth up I have been greatly
interested in geography", in dem Min-kiang nicht mehr den Hauptfluss sah. Vielleicht unter dem Einfluss der seit Martin Martini
beginnenden richtigeren Anschauung. (Richthofen, China, I.
p. 674, 675.) Vergl. Du Halde, Description géographique etc. de
l'empire de la Chine, I. à la Haye 1736. p. 226.

[2]) Sowohl bei den Griechen und Römern wie bei den Arabern
ist uns trotz mancher Bemühungen über unsere Frage nichts bekannt geworden.

[3]) Expeditions into the valley of the Amazons. 1539. 1540.
1639. Translated with notes by C. R. Markham. London. 1859.
(H. S.) p. 62 u. 63.

que fluvius sive unius fluvii partes erunt censendi
duo illi fluvii etc."[1] .
Der durch seine oceanographischen Studien
bekannte Graf Marsigli hat in seinem grossen Do-
nauwerke unserer Frage seine Aufmerksamkeit lebhaft
zugewandt[2]. Die alten Geographen hätten die Quelle
der Donau nach dem Schwarzwalde verlegt, jetzt suche
man sie „Doneschingae." Der Grund hierfür sei ihm
eigentlich unbekannt. Aber wahrscheinlich thäten das
die „scriptores, ut assentarentur iis, qui suis terris hanc
gloriam vindicabant, sive quia id ipsum non videre,
quod meridiana luce clarius est." „Id agunt adula-
tionis gratia erga familiam Fissembergam, quae ibi
possidet Baronia." Es erscheine ihm „plane ridiculum,
velle ut regius inde nascatur Danubius, utque tanti
fluminis decrescat gloria, quo gloria crescat unius
familiae." Marsigli berichtet dann von eigenen und
anderen barometrischen Beobachtungen in Schwaben
und in der Schweiz. Durch ein auf Grund dieser ent-
worfenes Profil „facile cuique dabitur cernere, quanto
sint altiores dicti Montis horizontes horizontibus Doneschingae, cui Danubii origo imputatur." Aber dasselbe
Profil[3] führt ihn noch weiter: „Oeni potissimum

---

[1]) Geographia generalis lib. I. cap. XVI. prop. XVI. Amstelodami 1671. p. 244.

[2]) Danubius. VI. Hagae Comitum. Amstelodami 1726.
fol. 4. 5.

[3]) Marsigli hat verschiedentlich Profile gezeichnet und benutzt. tom. I. tab. 35. 37. 39. 40. 45. tom. VI. tab. 3. 5. 1726,
also noch vor Buache! Humboldt vermag ich in Sachen der
Profile weder Priorität noch Originalität zuzuerkennen. Chappe
d'Auteroche (Voyage en Sibérie. Paris 1768. tom. I coupes XVIII
—XXI) machte von den Profilen den richtigen methodischen Gebrauch, er versuchte Oberflächenformen an der Hand derselben
zu erkennen. Die Humboldtsche Kritik geht unseres Erachtens
nicht auf diesen hier allein wichtigen Punkt ein. Die Höhen-
zahlen stehen erst in zweiter Linie. Dabei verkenne ich Humboldts

fluminis origo, praeter illam duplicem Danubii: puta-
titiam scilicet, seu vulgarem Doneschingianam, et veram,
hic observata habetur, ut ex utriusque comparatione
cuilibet proclive sit judicare, annon forte Oenus, qui
longum decursus sui spatium emensus, tandem Danubio, aequali fortasse cum hoc aquarum copia auctus,
miscetur, fontes vero multo altiores habet, fontibus
Danubii, jure magis naturali pro Danubio reputari
possit; ut adeo summitas montium totius Europae
maxima et suprema, omnes etiam maximos Europae
fluvios emitteret." ·

Wenn hier die „Familia Fissemberga" noch mit einem
indirekten Vorwurf davon kommt, wird dem Verfasser
der 1715 in Breslau erschienenen Schrift: de genuino
fontis Oderae loco situque" Karl Ferdinand von
Schertz geradezu entgegen gehalten, „er habe nur
aus Lokalpatriotismus, weil die beschriebene Quelle
auf seinem Grund und Boden gelegen, dieselbe zur
Oderquelle erheben wollen." „Und doch machten sich
gerade seine Gegner, besonders Rector Stief aus Breslau 1737, des engherzigsten Provinzialpatriotismus
schuldig. Ihnen schien es unerhört, dass die Oderquelle ausserhalb Schlesiens, in Mähren, zu suchen
sei."[1])

Ähnlich berichtet Carl Ritter bei Darstellung
des Jordangebiets, dass „in der Volksmeinung der
Hebräer nur die innerhalb ihres verheissenen Gebiets,
im Lande Israel, liegenden Ursprünge, oder vielmehr
nur die innerhalb ihres Nationaleigenthums befindlichen
Quellen des Jordan als ihr einziger geheiligter Strom
gelten konnten"[2]).

---

grosse Verdienste hierin keineswegs. Vergl. Joh. Ludwig Heim,
Geologischer Versuch über die Bildung der Thäler durch Ströme.
Weimar 1791. p. 2.
    [1]) Zeitschrift für Schulgeographie. 1888.
    [2]) Allg. Erdk. XIV. 1850. p. 213.

Bei La Condamine[1]) lesen wir: „Un peu plus loin, nous rencontrâmes du côté du Sud l'embouchure de l'Ucayale, une des plus grandes rivières, qui grossissent le Marañon, avec lequel il a été quelquefois confondu sous le nom de Xauca, qu'il porte vers sa source: il y a lieu de douter laquelle des deux est le tronc principal dont l'autre n'est qu'un rameau. A leur rencontre mutuelle, l'Ucayale est plus large que le fleuve où il perd son nom. Les sources de l'Ucayale sont aussi les plus éloignées et les plus abondantes; il rassemble les eaux de plusieurs provinces du haut Pérou et sous le nom de Xauca il a déjà reçu l'Apurimac, qui le rend une rivière considérable par la même latitude où le Marañon n'est encore qu'un torrent; enfin l'Ucayale en rencontrant le Marañon, le repousse et lui fait changer de direction. D'un autre côté le Marañon a fait un plus long circuit, et est déjà grossi des rivières de Sant Jago, de Pastaca, de Guallaga etc. lorsqu'il se joint à l'Ucayale. De plus il est constant que le Marañon est partout d'une profondeur extraordinaire; il est vrai que l'Ucayale n'a jamais été sondé et qu'on ignore le nombre et la grandeur des rivières qu'il reçoit. Tout cela me persuade que la question ne pourra être décidée sans appel, tant que l'Ucayale ne sera pas mieux connu."

Gmelin spricht über seine Ansichten, wie auch über diejenigen der Völker, mit welchen er auf seiner zehnjährigen Reise in Sibirien verkehrte: „Von der Mündung des Ilim-Flusses bis zu seinem Ausflusse in den Jenisei wird dieser Fluss von den Russen nicht mehr Angara, sondern Tunguska genannt, weil er von hier an nicht mehr so fürchterliche Fälle hat, auch nach einer ganz anderen Gegend, und da er bisher

---

[1]) Relation abrégée d'un voyage fait dans l'intérieur de l'Amérique méridionale etc. in Histoire de l'Académie Royale des sciences. Année 1745. Paris 1749. p. 426.

meistens von Süden nach Norden lief, jetzo von Osten
nach Westen läuft"[1]). Gmelin spricht dann seine
eigene Meinung in bezug auf Tunguska und Jenisei
dahin aus, dass letzterer in den ersteren sich zu ergiessen scheine: „Zum wenigsten ist man in der Natur
gewohnt, dass, wenn man entscheiden will, welcher
Fluss in den andern falle, man darauf siehet, welcher
der kleinste ist. Der grösste wird alsdann als der
Hauptfluss angesehen und in ihn fällt der kleinere
etc.[2]) „Es scheint den Russen eigen zu sein, dass sie
öfters zween Hauptflüsse, die zusammenlaufen, mit
einem dritten Namen benennen." „Hingegen bei denjenigen Flüssen, die eine gewisse Richtung von ihrem
Ursprung an bis an ihre Mündung behalten, verändern
sie nicht leicht die Namen"[3]). In bezug auf einen
Streit zwischen Russen und Tataren über unsere
Frage berichtet Gmelin[4]) Folgendes: „Die Russen
nennen ihn erst, nachdem der Fluss Ojesch sich mit
ihm vereinigt hat, Tschaus. Weiter oben aber heisst
er bei ihnen Kasyk. Die Tataren hingegen nennen
ihn noch weit hinauf Tschaus, und machen einen Bach

---

[1]) Gmelin's Reise durch Sibirien 1733—1743. III. Göttingen
1752. p. 94. Übrigens konstatierte ungefähr um dieselbe Zeit wie
Gmelin in Ostsibirien Capitain Midleton den Eisboden an der
Hudsonsbay. (Chappe d'Auteroche, Voyage en Sibérie. I. Paris
1768. p. 100.) Noch früher als beide beobachtete denselben zu
Jakutsk 1719 John Bell (Travels from St. Petersburg in Russia
to diverse parts of Asia. vol. I. Glasgow 1763. p. 239): „The
winter here is very long and the frost so violent, that it is never
out of the earth, i n the month of June, beyond two feet and a
half below the surface etc." Leopold von Buch dachte übrigens
über den Eisboden nicht immer so streng wie 1825. In seiner
Reise durch Norwegen und Lappland (II. Berlin 1810. p. 90) erkennt er denselben, wenn auch nur indirekt, an.
[2]) a. a. O. p. 119. Fischer (Sibirische Geschichte. I. St. Petersburg 1768. p. 388. 389.) schliesst sich an Gmelin an.
[3]) a a, O. p. 121.
[4]) a. a. O. IV. p. 90.

Omurtka, welchen die Russen Kriwodanavka nennen und als einen in den Kasyk fallenden Bach angeben, zu einem Urbache des Tschaus; Akasyk aber ist ein anderer dergleichen Urbach. Sie haben dieses vor sich, dass von alten Zeiten her die Benennung bei den Tataren nicht anders gewesen sei, und dass die Richtung des Wassers von dem Omurtka an bis an die Mündung des Tschaus sich ganz und gar nicht verändert habe. Der Omurtka aber entspringt im Westen, und der Akasyk im Osten, sehr nahe bei dem Flusse Ob. Sie sagen, dieser letztere sei ein Gewässer, das an seinem Ursprunge einem See gleiche, alsdann aber bald wie ein Bach, bald wieder wie ein See aussehe, und Kasyk sei soviel als ein Pfal, Akasyk aber soviel als ein mit Pfälen vermachter Ort, weil man öfters in selbigen Gegenden, da, wo das Gewässer enge ist, quer dadurch Zäune mit Pfälen macht, um die Fische einzusperren. Die Russen leugnen alles dieses nicht, aber sie sagen, das Gewässer des Kasyk sehe nicht nur bis an den Ojesch so sonderbar aus, dass es bald einem See, bald einem Bache gleiche, und meinen also, solange es einerlei Aussehen habe, solange müsse es auch einerlei Namen führen." Gmelin erklärt beiderseitige Gründe für gut, wolle aber seine Kappe nicht auch noch dazu werfen. Im weiteren Verlauf seiner Reise berichtet Gmelin dann noch über den Streit der Bauern aus Ajew mit denen aus Osch, den ich schon oben inhaltlich mitgeteilt habe [1]).

Am 16. Juni 1806 schrieb Seetzen an Zach, er könne die Quelle des Banjass nicht als Jordanfluss anerkennen, wie die Alten es thaten, obwohl sie in Hinsicht ihrer Schönheit diese Ehre verdiene. Der Hasbeny sei länger [2]).

Kant: „Nicht immer behält bei der Vereinigung zweier Flüsse der grössere seinen Namen. So ist z. B.

---

[1]) vergl. p. 11 u. folg.
[2]) Zach's Monatliche Correspondenz. XIII. 1806. p. 343.

der Ucayale viel breiter, tiefer und wasserreicher als
der Marannon, in welchem er seinen Namen verliert.
Die Quellen des Ucayale sind auch am weitesten entfernt, und geben das meiste Wasser.[1]) Leopold v.
Buch fand auf seiner „Reise durch
Norwegen und Lappland"[2]) auch nicht immer Übereinstimmung zwischen Namengebung und Theorie:
„Die ungestüme Torneo Elv reisst den Muonio mit sich
fort, wirft sich über ihn und verschlingt ihn bis auf
den Namen, ohnerachtet doch unterhalb nicht der
Muonio, sondern der Torneo Fluss, seine Richtung verändert."

Hassel glaubte bemerkt zu haben: „Gemeiniglich,
aber nicht immer, behält der Strom den Namen der
von seiner Mündung entferntesten Quelle, und ist also
immer stärker, als die in ihn fallenden Flüsse. Dies
ist der Hauptfluss; alle übrigen Flüsse, die sich mit
ihm vereinigen und bei der Mündung ihre Namen verlieren, heissen Nebenflüsse"[3]).

Alexander von Humboldt vertritt gegenüber
der Annahme der Missionäre von San Fernando, dass der
Atabapo direkt in den Orinoco münde, und dass der
Guaviare ein Nebenfluss des Atabapo sei, die entgegengesetzte Ansicht, nämlich, dass der Atabapo erst ver-
mittelst des Guaviare sich in den Orinoco ergiesst.
Als Grund führt er an:[4]) „Le Rio Guaviare, beau-
coup plus large que l'Atabapo, a les eaux blanches
et ressemble par l'aspect de ses bords, par ses oiseaux-
pêcheurs, par ses poissons et les grands crocodiles

---

[1]) Physische Geographie. Vollmer. III. Mainz und Hamburg
1803. p. 4.
[2]) II. Berlin 1810. p. 256.
[3]) Vollständiges Handbuch der neuesten Erdbeschreibung von
Gaspari, Hassel, Cannabich. I. 1. Weimar 1819. p. 232.
[4]) Voyages aux régions équinoxiales du nouveau continent.
II. 1819. p. 402—405 u. a. a. St.

qu'il nourrit, bien plus à l'Orénoque que la partie de
ce dernier fleuve qui vient de l'Esméralda." Humboldt spielt, wie man sofort bemerkt, die Frage auf
ein weiteres Gebiet hinüber: Ist der Guaviare oder
der Fluss von Esmeralda der Oberlauf des Orinoco?
Er betont die Schwierigkeit der Frage und fährt fort:
„Lorsqu'à une des deux branches qui forment un
grand fleuve on veut donner le nom que porte ce
dernier, il faut l'appliquer à la branche qui fournit le
plus d'eau. Or aux deux époques de l'année où j'ai
vu le Guaviare et le Haut-Orénoque, il m'a paru que
celui-ci était moins large que le Guaviare." Humboldt
schlägt dann zwar, um die rein willkürlich angenommene Flussnomenklatur nicht noch mehr zu
verwirren, keine neuen Benennungen vor, bemerkt
jedoch: „mais je ferai observer que si l'on re-
gardait l'Orénoque, depuis San Fernando de Atabapo
jusqu'au Delta — comme la continuation du Rio
Guaviare, et que si l'on considérait la partie du
Haut-Orénoque, entre l'Esméralda et la mission
de San Fernando, comme un affluent particulier,
l'Orénoque conserverait, depuis les savanes de San
Juan de Los Llanos et la pente orientale des Andes
jusqu'à son embouchure, une direction plus uniforme et
plus naturelle, celle du sud-ouest au nord-est"[1]). Er
fährt dann fort: „Le Rio Paragua, ou la partie de
l'Orénoque qu'on remonte à l'est de la bouche du
Guaviare, a des eaux plus claires, plus transparentes
et plus pures que la partie de l'Orénoque au dessous
de San Fernando. Les eaux du Guaviare, au contraire,
sont blanches et troubles; elles ont le même gout,
selon le jugement des Indiens dont les organes sont
très-délicats et très-exercés, que les eaux de l'Oréno-

---

[1]) Vergl. Ansichten der Natur. 1860. I. 187. „Aus geographischer Unkunde hat man den, von Westen zuströmenden Guaviare lange als den wahren Ursprung des Orinoco betrachtet."

que, près des Grands-Cataracts." „Les grands crocodiles et les dauphins sont également connus dans le
Rio Guaviare et dans le Bas-Orénoque, ces animaux
manquent entièrement dans le Rio Paragua.[1]) Voilà
des différences bien remarquables dans la nature des
eaux et la distribution des animaux! Les Indiens ne
manquent pas de les citer, lorsqu'ils veulent prouver
aux voyageurs que le Haut-Orénoque, à l'est de San
Fernando, est une rivière particulière qui tombe dans
l'Orénoque et que la véritable origine de celui-ci doit
être cherchée dans les sources du Guaviare. C'ost à
tort sans doute que les géographes d'Europe n'admettent pas la manière de voir des Indiens qui sont
les géographes de leur pays."

Malte Brun ist der Ansicht „qu'on conserverait
à ce fleuve le nom d'Angara jusqu'à son embouchure
dans l'Océan arctique," und zwar weil diese den
Jenisei „surpasse en importance et en longueur"[2]).

Johann Gottfried Ebel sagt: „Die Donau
hat ihren wahren Ursprung in den Hochalpen Grau-
bündens, und sollte eigentlich Inn heissen. Allein
dieser herrliche Strom, welcher bis Passau seine hohe
Alpenabkunft an der Stirn trägt, verliert nach seiner
Vereinigung mit der schmutzig blauen und unansehn-
lichen Donau seinen Namen und seine Schönheit"[3]).

Link belehrt uns: „Ein Fluss nimmt andere Flüsse
auf, bevor er das Meer erreicht, und da ist es ebenso
natürlich, dass dieser Fluss seinen Namen von demjenigen Flusse bekommt, dessen Quelle am entferntesten
vom Ausflusse sich befindet, denn der Bach aus dieser
Quelle hat alle andern Bäche und Flüsse aufgenommen

---

[1]) Nach Chaffanjon sind Humboldts Berichte über die Fauna
des oberen Orinoco durchaus nicht genau.
[2]) Précis de la géographie universelle. III. Paris 1812. p. 344.
[3]) Über den Bau der Erde in dem Alpengebirge. I. Zürich
1808. p. 20.

und ist dadurch der Hauptfluss geworden. Von dieser
natürlichen Benennung ist man gar oft abgewichen
und hat den Namen von dem grössten Flusse und
nicht von dem hergenommen, welcher die entfernteste
Quelle hat [1]).

Heinrich Berghaus äussert sich selbst nicht
bestimmt, sondern verhält sich mehr referierend:
„Von zwei zusammenfliessenden Flüssen erhält sich
nur der Name des einen von ihnen, wobei es üblich
ist, diesen von dem bedeutendern Wasser zu wählen,
oder von demjenigen, dessen Quellen am entferntesten
liegen" [2]).

Der Reisende v. Martius versucht auch, sich in
der vorliegenden Frage zu orientieren, ohne dass es
ihm gelingt, zu einem ihn selbst befriedigenden Resultat zu gelangen: „Manches in der Bildung des
Amazonas und seines Gebietes weicht von den Verhältnissen ab, welche man gewöhnlich bei grossen
Strömen beobachtet. Dahin gehört vorzüglich der Umstand, dass die Hauptrichtung des Stromes, im längsten Teil des Verlaufs, von der desjenigen Flusses abweicht, den man immer als seine erste Quelle oder
als seinen Hauptarm annehmen mag. Jene geht nämlich im allgemeinen von W nach O, während der
Marannon, welchen man gewöhnlich seine Quelle nennt,
in der Richtung von SSW nach NNO, alle übrigen
Arme aber, welche rücksichtlich ihrer Länge als Hauptquelle betrachtet werden könnten, wie namentlich der
Ukayale und der Madeira, in der Richtung von S
nach N fliessen. Ebenso liegt wahrscheinlich der
Marannon, als dessen Quelle der See von Hiauricocha

---

[1]) Handbuch der physikalischen Erdbeschreibung. I. Berlin
1826. p. 266.
[2]) Allgemeine Länder- und Völkerkunde. II. Stuttgart 1837.
p. 108. 111.

angenommen wird, in seinem obersten Flussthale minder hoch, als die südlichsten Quellen des Rio Madeira, welche aus den Gebirgen von La Paz hervorkommen, oder als die beiden Quellen des Ukayale. Endlich ist auch der Lauf des sog. eigentlichen Marannon bis dahin, wo der Amazonas die Richtung von W nach O annimmt, kürzer als der des Ukayale oder des Madeira bis zu ihrer Mündung in den allgemeinen Recipienten. Es erscheint sohin sehr schwierig zu bestimmen, wo die wahren Quellen des Amazonas liegen, und man wird geneigt, diesen ungeheuren Strom nicht als einen einfachen, sondern als einen zusammengesetzten, als ein ganzes Stromsystem zu betrachten" [1]).

Der schon genannte J a c k s o n ist zwar der Ansicht, dass „it is already determined which are the recipients and affluents of each other", aber er nimmt doch Prinzipien an, von denen man vielleicht ausgehen könnte bei der Bestimmung und fragt: „Soll die Länge entscheiden, oder die grade Richtung, oder die Wassermasse? Breite oder Tiefe?" [2]) Dieselben würden in den noch nicht entdeckten Gebieten von Geltung werden.

Des längern hat sich J. G. K o h l über den vorliegenden Gegenstand hören lassen in seinem vortrefflichen Werke über den Verkehr und die Ansiedlungen der Menschen in ihrer Abhängigkeit von der Gestaltung der Erdoberfläche [3]). Kohl legt sich die Frage

---

[1]) Spix u. Martius, Reise in Brasilien in den Jahren 1817—1820. III. bearbeitet und herausgegeben von Martius. München. 1831. p. 1341.

[2]) Hints on the Subject of geographical arrangement etc. J. of the R. G. S. of London IV. 1834. p. 77. Leider war mir der J. of the R. G. S. of London 1847. p. 3. erwähnte „valuable little manual „What to observe", worin Jackson ebenfalls diese Frage gestreift, nicht zugänglich.

[3]) Dresden und Leipzig 1841.

vor: „Was verstehen wir unter einem einfachen Fluss?"
Er konstatiert, dass man dieselbe sehr verschieden
beantwortet; zuweilen habe man die grössere Wassermasse, zuweilen die grössere Länge, zuweilen sogar
die Richtung entscheiden lassen. Es sei nicht zu
leugnen, fügt er hinzu, dass alle drei Momente von
der grössten Wichtigkeit seien, denn je grösser die
Wassermasse, auf desto grossartigere Weise fahrbar
sei sie, desto grossartigeren Verkehrs sei sie fähig,
je länger der Faden, desto weiter kämen die auf
ihm gehenden Schiffe her, und endlich verdiene von
zwei sich verbindenden, übrigens gleichen Wasserfäden
der, welcher mit dem Unterflusse, zu dem beide sich
verbinden, in grader Linie liegt, entschieden den
Vorzug. „Es geht hieraus hervor, dass eigentlich die
Frage, was Hauptfluss und was Nebenfluss ist, nicht
nach einer Rücksicht allein entschieden werden kann,
sondern nur nach einer Kritik, die auf alle jene Um-
stände zu gleicher Zeit Rücksicht nimmt und sie gegen-
seitig erwägt und abwägt, — und es müsste danach
von zwei sich vereinigenden Wasserfäden immer der
als mit dem Unterfluss Eins bildend betrachtet werden,
welcher durch seine Wassermasse, durch seine Länge
und die Geradlinigkeit seiner Richtung zu gleicher
Zeit den grössten Wert repräsentierte." Er bemerkt
dann noch, dass es äusserst schwierig sei, in jedem
besondern Falle hier alles auf gleichartige, unter sich
vergleichbare Werte zurückzuführen. „Doch ist zu
bemerken, dass gewöhnlich die höchsten Grade aller
drei Eigenschaften mit der einen, der höchsten Länge,
sich verbinden, sodass in der Regel der längste Wasser-
faden zu gleicher Zeit auch der wasserreichste und
ebenso auch der geradeste ist." „Nach diesem allen
werden wir also aus einem Flusssysteme den Hauptfluss herausfinden, wenn wir, am Ende dieses Systems
(der Mündung) beginnend, bis zu dem absolut längsten

Anfange hinauf messen, und den so gewonnenen Fluss-
faden wollen wir den einfachen Fluss nennen"[1]).

Richard Schomburgk spricht sich folgendermassen aus: „Der Takutu verdient von der Vereinigung
mit dem Mahu an eigentlich nicht mehr seinen Namen, da
der Mahu jedenfalls in Folge seines fortgesetzten südwest-
lichen Laufes als der Hauptfluss zu betrachten ist"[2]).

Die Frage nach dem wahren Nil der Alten ein-
gehend betrachtend, ruft Charles T. Beke aus:
„Whether then we consider the relative magnitudes of
the two rivers, the direction of their respective courses,
or the volume of the waters, whether we regard the
opinions of the ancient geographers or these of modern
travellers or of natives acquainted with both streams
— the result is the same etc."[3]).

Breite und Richtung wurden von Hofmann auf
seiner Reise nach den Goldwäschen Ostsibiriens[4]) als die
Merkmale bezeichnet, welche der Tunguska das Vorrecht
vor dem Jenissei zuweisen. Ebenso für die Tunguska trat
Bersilov ein, auf Grund einer genauen Beschreibung
der Vereinigung beider Flüsse. Die resp. Durchschnitts-
flächen, die Wassermassen, Richtung, geognostischer
Charakter[5]) zwangen den Jenissei, der Tunguska den
Vorrang zu überlassen. Der beigebrachte Beweis er-
schien so durchschlagend, dass selbst Middendorff seine
viel besseren Anschauungen dem gegenüber fallen liess[6]).

---

[1]) a. a. O. p. 399—405.
[2]) Reisen in Britisch Guiana. 1840—44. II. Leipzig. 1848.
p. 26. vergl. p. 17. 174.
[3]) Journal of the R. G. S. London. 1847. p. 37.
[4]) 1847. p. 147. Mir nur durch Middendorff bekannt.
[5]) Bernhard v. Struve (Peterm. Mitth. 1880. p. 294) nennt
das rechte Ufer an der Vereinigung der Tunguska und des
Jenissei deshalb das „Stammufer".
[6]) Middendorff, Reise in den äussersten Norden und Osten
Sibiriens. IV. 1. St. Petersburg. 1867. p. 193. Auch in Zeitschr.
d. Berl. Gesellsch. f. Erdkunde 1860. VIII. p. 71 u. folg. abgedruckt.

M. Nicolay (Man. of Geogr. science, t. I. p. 428) dit que la source principale doit être reconnue par son élévation, sa distance de l'embouchure, et par le volume et le caractère de ses eaux, berichtet De la Roquette[1]).

Nach M. Willkomm „könnten Giguela und Zancara die Ehre in Anspruch nehmen, als der wahre obere Lauf des Guadiana betrachtet zu werden, weil sie ziemlich dieselbe Länge und an ihrem Zusammenfluss eine fast gleiche Wassermasse besitzen"[2]).

G. A. v. Klöden erkennt die „besondern Schwierigkeiten", welche in manchen Fällen sich zeigten: „Freilich bei Strömen, wie der Dniepr einer ist, verfolgen wir einfach von der Mündung her die breiteste und wasserreichste Ader mit Umgehung der unter rechten Winkeln ihr zuströmenden Flüsse bis zu der von der Mündung am weitesten entfernten Quelle, und lassen diese als Ursprung des Hauptstroms gelten. Aber dies Argument der grössten Entfernung von der Mündung ist in vielen Fällen nicht durchaus entscheidend. Beim Orinoco z. B. liegt die Quelle der Mündung näher, als selbst die Einmündungen der Nebenflüsse in den Hauptstrom; und bei der Donau, dem Mississippi u. s. w. verbleibt der Name des Hauptstromes oberwärts einem kürzern Stromstücke, so dass mächtigere Wasserläufe, deren Quellen von der Hauptmündung weiter entfernt liegen, als die Quelle des für die Hauptader geltenden Stromes, nur als dessen Nebenflüsse aufgeführt werden können. Es wird demnach die Frage, wo die Donauquelle sei, einfach so zu entscheiden sein, dass wir aufwärts denjenigen Strom

---

[1]) Bulletin de la Soc. de Géographie. Paris. 1852. t. IV. p. 433.

[2]) Die Gewässer der Iberischen Halbinsel. Zeitschrift für Allgemeine Erdkunde etc. II. Berlin 1854. p. 290.

verfolgen, welcher diesen Namen führt." [1] „Es gilt
als Regel, dass ein Fluss, welcher rechtwinklig in
einen andern mündet, seinen Namen an dieser Stelle
verliert." „In zweifelhaften Fällen hat man sich für
denjenigen entweder zu entscheiden, dessen Quelle die
von der Mündung am fernsten gelegene ist, oder in
vielen Fällen noch richtiger für den, welcher die
grössere Wassermenge herbeiführt." [2]

Alfred Wallace stellt Betrachtungen an, welche
nach seiner Ansicht geeignet seien, die Frage nach
dem Ursprung des Amazonas zu lösen: „The Marañon
rises to the westward of all the other great tributaries
and it receives all the waters which flow nearest to
the Pacific and most remote in a direct line from the
mouth of the river." „At the point where it breaks
through the eastern chain of the Andes it is already
a large river, on a meridian where all the other
streams which can lay a claim to be considered the
head-waters of the Amazon have as yet no existence.
On going up the Amazon from its mouth, it is that
branch on which you can keep longest in the general
east and west direction of the river, and if the actual
length of its course is considered, it still keeps its
place." [3] Clements R. Markham tritt ebenfalls für
den Marañon ein mit der bekannten Begründung: „the
latter river being the largest at the point of junction". [4]

---

[1] Das Stromsystem des Obern Nil. Berlin. 1856. p. 3.
[2] Handbuch der physischen Geographie. 3. Aufl. I. Berlin.
1873. p. 528.
[3] A narrative of travels on the Amazon and Rio Negro.
London. 1853. p. 405. Ähnliche Ansichten äusserte der Graf
von Pagan für den Napo in Relation historique et géographique
de la rivière des Amazones. Paris. 1655. p. 15.
[4] Expeditions into the valley of the Amazons. 1539. 1540.
1639. Translated with notes by C. R. Markham. London. 1859.
(H. S.) p. 63. Aus demselben Grunde nennt er den Beni einen
Nebenfluss des Amarumayu. J. R. G. S. L. 1883. p. 315.

Nach Humphreys und Abbot beginnt der
wahre Mississippi bei der Mündung des Missouri. Der
obere Mississippi gilt ihnen ebenso als Nebenfluss wie
die übrigen: „Although this tributary is neither the
longest, nor the greatest contributor of drainage, nor
the branch most like in charakter to the great Missisippi, it has its name, and thus has always been an
object of especial interest of geographers."[1]

Vivien de Saint-Martin ergreift bei Besprechung der Entdeckungen Spekes und Grants die
Gelegenheit, seine Ansichten über die unsere Frage
entscheidende „raison physique" auseinanderzusetzen.
„Le Tessin, l'Inn, le Rhin et le Rhône, c'est à dire
les quatre fleuves les plus importants de l'Europe
occidentale, rayonnent d'un même groupe de montagnes, qui est le nœud central de la chaîne des
Alpes." „Or, c'est une loi générale des pays d'Alpes,
qu'il s'y trouve un nœud, un massif culminant, d'où
sortent les plus grands cours d'eau dans toutes les
directions. Il est présumable qu'il doit y avoir quelque
chose d'analogue en Afrique.[2] Une conséquence
naturelle se tire de ces considérations: c'est que, s'il
existe un massif culminant au cœur de la zone équa-
toriale, celle des branches dont se forme le fleuve
Blanc qui sortirait de ce massif devrait être regardée,
à l'exclusion de toutes les autres, comme la vraie tête
du Nil."[3]

Karl Ernst v. Baer, sich gegen einige Aus-
drücke wendend, welche Ritter in Bezug auf die Fluss-

---

[1] Report upon the physics and hydraulics of the Missisippi.
Philadelphia. 1861. p. 34. 65.

[2] Ein ähnliches central-afrikanisches Plateau konstruierte
Lacépède. Annales du Muséum d'histoire naturelle. Bd. 6. Paris.
1805. p. 291. Der ursprüngliche Begriff von Plateau ist hier
deutlich erkennbar.

[3] L'Année géographique. II. Paris. 1864. p. 53.

läufe eingeführt hat, weist dabei die Bezeichnung der
Kama als Oberlauf der Wolga zurück, indem er bemerkt: „Allein das wäre vollständig gegen den Sprachgebrauch des anwohnenden Volkes, und mir scheint,
der Volksgebrauch hat hier vollkommen recht; denn
der Fluss, den man die Wolga nennt, ist entschieden der
stärkere, und er hat bis zu der Vereinigung schon die Wirkung einer mächtigen Verbindungsstrasse ausgeübt." [1]
Th. v. Heuglin lässt es „noch dahingestellt,
welcher von beiden Flüssen — der Bahr el Djebel oder
der Ghazal — der grössere, längere und somit als der
Hauptstrom zu betrachten ist; bei ersterem lässt sich
die Wassermenge leicht bestimmen, bei letzterem ist dies
unmöglich ausführbar." [2]
Wappaeus bemerkt, dass unsere augenblickliche
Auffassung des oberen Amazonas-Gebietes, von dem
gelehrten Pater Samuel Fritz herrührend, eine falsche
sei: „Der Rio Ukayali ist früher längere Zeit als der
eigentliche Quellfluss des Marañon angesehen, und spricht
auch vieles für diese Ansicht, indem seine Quellen weit
entfernter von der Vereinigungsstelle liegen, als die des
oberen Marañon (Tunguragua), der Ukayali unter der
Breite der Quellen des Tunguragua schon schiffbar ist,
seine Wassermenge der des obern Marañon mindestens
gleichkommt und endlich bei der Vereinigung beider
Ströme die vereinten Gewässer der Richtung des Ukayali sich anschliessen." [3]

[1] Studien aus dem Gebiete der Naturwissenschaften. Petersburg. 1876. p. 116.
[2] Reise in das Gebiet des Weissen Nils und seiner westlichen Zuflüsse. Leipzig und Heidelberg. 1869. p. 122.
[3] Stein u. Hörschelmann, Handbuch der Geographie und
Statistik. 7. Aufl. 3. Abt. Leipzig. 1863—70. p. 595, vergl.
p. 957. Weshalb der „alte Fritz" den Marañon als Oberlauf ge-
wählt, ist mir nicht bekannt geworden. Aus der in den lettres
édifiantes edierten Karte könnte man die Breite als herangezogenes
Merkmal anzunehmen sich veranlasst sehen.

Hermann v. Schlagintweit: „Flüsse, wenn
sie einmal aus dem Gebirge herausgetreten sind, zeigen
wesentlich andere Verhältnisse, als innerhalb desselben.
Die Wassermenge, die Schnelligkeit der Bewegung und
die petrographische Beschaffenheit des Gerölles lassen
im Tieflande den einen der beiden sich vereinigenden
Flüsse auch nach dieser Vereinigung als die Fortsetzung
des Hauptflusses erkennen. Schwieriger ist dagegen
die Unterscheidung, je mehr man sich dem Ursprunge
der Flüsse nähert; Gebirgsbäche, wie die tibetischen
Flüsse es in so hohem Grade sind, haben besonders
das Eigentümliche, dass die Teilrichtung für jeden der
zusammenströmenden Teile und für die vereinigte
Wassermasse eine andere ist." „Die Wassermenge des
Dihong ist zwar sehr gross, aber weder diese noch die
Richtung des Laufes, die beinahe rechtwinklig auf das
weit von oben sich heranziehende Brahmaputra-Thal
steht, erlaubt ihn als den Hauptstrom zu betrachten."[1]
    Nach H. M. und P. V. N. Myers könnte man
den Amazonas fast für einen Nebenfluss des Rio Negro
halten: „Before the confluence of the Rio Negro and
Amazons, the latter from a width of several miles,
contracts to a breadth of less than one, makes a bold
sweep to the north, and meets the former almost at a
right angle; then, as it passes its mouth, turns again
to the east, giving the Negro the appearance of being
the main stream, and, were it not for the different col-
oring of their waters, one would be sure to mistake
the relation of the rivers, and the Amazons would be
pronounced the tributary."[2]
    Nach Ed. Fontaine bestimmen ähnliche Vor-
kommnisse das Verhältnis zwischen Mississippi und Mis-

---

[1] Reisen in Indien und Hochasien. I. Indien. Jena 1869.
p. 302. 471. Vergl. III. 1872. p. 40.
[2] H. M. and P. V. N. Myers, Life and nature under the tropics. New York 1871. p. 306.

— 42 —

souri. „The Missouri is the great river, and the entire
stream should be called the Missouri. It seems to ab-
sorb the clearer and less turbulent Mississippi, and im-
presses its character upon it to its mouth." [1])
Auch Friedrich Ratzel vermag nicht den Mississippi als Hauptquellarm anzuerkennen. „Der Haupt-
kanal des Mississippi liegt dem äussersten Ostrand des
Gebietes um acht Längengrade näher als dem äussersten Westrand, es ist also der westlich von demselben
gelegene Teil des Stromgebiets grösser als der östliche,
und der Strom muss daher als ein vorwiegend dem
Westen angehörender bezeichnet werden. Demgemäss
wäre der Missouri als Hauptarm des Mississippi zu betrachten, und entspricht in der That diese Betrachtung
dem Sachverhalt mehr als die zufälligere, aber übliche,
welche den oberen Mississippi als Hauptarm, den Missouri als Nebenfluss ansieht." [2]) Zu demselben Resultate gelangt Ratzel nach den Wassermassen und der
Entfernung von der Mündung. [3])
Nach Volz haben „solche gewaltigen Wassermengen ihren Ursprung nur in ausserordentlich bedeutenden Bodenerhebungen." „So kommt die Donau in Wahrheit nicht aus dem Schwarzwalde, sondern aus den Alpen.
Der Inn ist, genau betrachtet, ihr Oberlauf. So stammt
auch der Mississippi aus dem Felsengebirge her; der
Missouri muss für seinen Oberlauf angesehen werden." [4])
In seiner „Allgemeinen Orographie" [5]) spricht sich
Sonklar über die Einteilung der Thäler in Haupt-

---

[1]) Contributions to the physical geography of the Mississippi
river. Journ. of the Amer. geogr. Society of New York. III.
1873. p. 357.
[2]) Die Vereinigten Staaten von Nord-Amerika. I. München
1878. p. 159.
[3]) A. a. O. p. 165.
[4]) Lehrbuch der Erdkunde. Leipzig. 1876. p. 173. Vergl.
jedoch p. 535. 3 b.
[5]) Wien. 1873 p. 131, vergl. p. 148.

und Nebenthäler dahin aus, dass durch diese Bezeichnung, wie etwa bei Haupt- und Nebenfluss, das
Verhältnis der Über- und Unterordnung ausgedrückt
werde. „Das Hauptthal wird das grössere, längere,
oder unter sonst gleichen Umständen dasjenige sein,
welches an der Vereinigungsstelle aus dem Nebenthale
seine bisherige Richtung entweder gar nicht oder um
ein geringeres als dieses ändert. — Da das Hauptthal,
wie gesagt, das längere ist, so wird es gewöhnlich auch
das dem Volumen nach bedeutendere Gewässer führen
und ein geringeres Gefäll besitzen als das Nebenthal.“
Sonklar behandelt dann einige spezielle Fälle: „In
andern Fällen aber hat der Instinkt des Volkes in
merkwürdiger Weise das Richtige getroffen, wie z. B.
bei Wald im obersten Salzathale, wo die grössere
Wassermasse und Länge des Krimmler Achenthales
über die gradlinige Fortsetzung des ersteren gegen
Ronach und das Verharren desselben auf tieferem Niveau den Sieg nicht davon tragen konnte.“ „Es kommen
jedoch nicht eben selten Beispiele vor, wo zwei sich
vereinigende Thäler, in Richtung und Länge, in Breite,
Gefäll und Wassermenge eine solche Aequivalenz an
den Tag legen, dass es unmöglich ist, zu entscheiden,
welches dieser beiden Thäler als Haupt- und welches
als Nebenthal anzusehen sei. Es blieb da wohl nichts
anders übrig, als das aus der Vereinigung entstandene
neue Thal mit einem besonderen Namen zu belegen.
Nach dem Vorgange bei Flüssen kann man die erwähnten, gleichwertigen oberen Arme eines Thales Quell-
thäler oder Ursprungsthäler nennen.“ [1])
Dass Sonklar aber auch andere Rücksichten
nimmt, zeigt sich z. B. bei Gegenüberstellung des Velber-
und Ammerthales. „Das Velberthal führt zum Velber-
tauern,˙d. h. zu jener Scharte, die nicht bloss eine der

---

[1]) a. a. O. p. 132.

wichtigsten Kommunikationen zwischen dem nördlichen und südlichen Abhang des Gebirges vermittelt, sondern die auch als der tiefste Punkt einer viel breiteren Kammlücke auf eine selbst dem Auge des gemeinen Mannes evidente Weise die Grenze zweier Gebirgsabschnitte bildet, während das Ammerthal bereits wieder in höhere und vergletscherte Kammteile, die keine ungewöhnliche Schartung mehr erkennen lassen, eingreift." [1]) Dann wird aber auch wieder die Richtung als entscheidendes Moment benutzt. [2])

Nach Burmeister „absorbiert gleichsam der Rio Parana als der längste und wasserreichste von allen die andern fünf nach und nach in ihn fallenden Flüsse". [3])

Oscar Peschel glaubt in vielen Fällen ohne Mühe erkennen zu können, welcher Ader des Stromsystems der Vorrang gebührt; in andern hingegen bereite die Feststellung des Hauptarms nicht geringe Schwierigkeiten: „Um hier jede Willkür auszuschliessen und ein festes Prinzip zur Anwendung zu bringen, müsste man vor allen Dingen Länge, Wassermasse und Richtung der mannigfachen Quellarme eines Stromsystems in Betracht ziehen." [4])

Trotz der oben gekennzeichneten Stellungnahme gegenüber der Frage nach Hauptfluss und Nebenfluss kommt Reclus in praxi immer wieder auf dieselbe zurück. „S'agit-il principalement de considérer la longueur du cours? Vaut-il mieux comparer l'abondance de l'apport liquide? La direction générale plus

---

[1]) Die Gebirgsgruppe der Hohen Tauern. Wien. 1866. p. 73.
[2]) a. a. O. p. 104.
[3]) Die Südamerikanischen Republiken etc. Peterm. Mitt. Erg. No. 39. 1875. p. 14.
[4]) Physische Erdkunde. (Gustav Leipoldt.) II. Leipzig. 1885. p. 407. In den Problemen (Leipzig. 1876. p. 142) zieht Peschel allein die Wassermasse heran.

ou moins grande de la vallée de chaque affluent sont-
ils les signes principaux qui doivent servir à déter-
miner le véritable fleuve?" [1]) An diese Punkte müsse
man sich halten. „Si la Saône pouvait, même de loin,
se comparer au Rhône pour la masse liquide, nul
doute qu'elle n'eût donné son nom à l'ensemble du
bassin, car par son orientation, par la constitution
géologique des roches environnantes, par l'histoire de
ses populations, elle est bien l'artère principale de la
vallée rhodanienne. De son côté, le Doubs mériterait
de donner son nom à la Saône, si l'on devait se dé-
cider d'après la longueur du cours, car il dépasse de
165 km le développement de cette rivière centrale du
bassin" [2]). Andererseits wird aber auch die Richtung
ein Ausschlag gebender Faktor: „Le Tobol, bien in-
férieur à l'Irtisch pour la masse liquide, pourrait être
cependant considéré comme la rivière maîtresse de
tout le bassin de l'Ob, car la direction générale de sa
vallée est celle que le courant de l'Irtisch, puis celle
de l'Ob, suivent en aval." [3]) Ja, die Tista erscheint
ihm als „la branche maîtresse de tout le système
gangétique, puisqu'elle descend directement au sud
vers le golfe du Bengale, en suivant la ligne d'écoulement la plus rapide." [4])

Daniel schreibt: Die Terminologie der Flüsse
steht keineswegs fest. Einigen Halt geben folgende
Bestimmungen. Der Hauptfluss nimmt mehrere andere
Flüsse auf, trägt mit starker Wasserfülle nicht bloss
leichte Kähne, sondern grössere Fahrzeuge und ergiesst
sich unmittelbar in das Meer oder in ein meerähnliches

[1]) La terre. Description des phénomènes de la vie du globe.
I. Paris. 1883. p. 356.
[2]) Nouvelle géographie universelle. II. La France. Paris.
1879. p. 356.
[3]) N. g. u. VI. 1881. p. 664.
[4]) N. g. u. VIII. 1883. p. 189.

stehendes Landgewässer. Er erhält seinen Namen
gewöhnlich von dem Gewässer, dessen Quelle am
entferntesten von der Mündung des Ganzen ist, dessen
Lauf also der längste, dessen Wasserfläche die grösste
ist. Aber der Sprachgebrauch ist auch hier Tyrann,
und nicht selten erhält bei zusammenfliessenden Flüssen
der Strom den Namen des wasserärmeren oder vielmehr desjenigen, der von der bisher genommenen
Richtung nicht abweicht. In den Hauptfluss ergiesst
sich der Nebenfluss, in den Nebenfluss der Zufluss, in
den Zufluss der Beifluss, der immer noch aus mehreren
Bächen entstanden sein muss"[1]).

Josef Chavanne gelangt bei Darstellung des
Nil auch zur Stellungnahme unserer Frage gegenüber:
„Sowohl durch Volumen als nach Entwickelung und
der Stellung des Laufes zum Hauptstrome ist der
Blaue Strom nur ein Nebenfluss des Weissen Nil".
„An ökonomischer Bedeutung übertrifft der Blaue Nil
den Weissen, in rein hydrographischer Hinsicht muss
er sich aber, wenn die Sätze der Theorie in Betracht
kommen, mit der Rolle eines Nebenflusses begnügen"[2]).

Hermann Wagner bemerkt, dass von einigen
der Ukayali wegen seiner grössern Länge und seines
grössern Wasserreichtums als der eigentliche Quellfluss angesehen wird, und fügt selbst zur Bekräftigung
hinzu: „Der vereinigte Strom behält auch zunächst
bis Yquitos die Richtung des Ukayali bei"[3]).

W. Junker äussert: „Mag auch bei allen diesen
Flüssen ein eigentlicher Quellarm nachweisbar sein,

---

[1]) Handbuch der Geographie. Herausg. v. Delitsch. I.
Leipzig. 1881. p. 171.

[2]) Africas Ströme und Flüsse. Wien 1883. p. 23. 25. Unter
Entwickelung versteht Chavanne hier Länge, unter Stellung die
Richtung.

[3]) Guthe-Wagner, Lehrbuch der Geographie. I. Hannover.
1882. p. 239.

der sich durch grössere Wasserquantität, durch längern Verlauf und durch die Richtung, in welcher er verläuft, als solcher kund giebt, etc." [1]).

Hildebrand hält es für „das Richtigste, alle drei (Trettach, Stillach und Breitach) gleichmässig als Quellbäche anzusehen, da ja erst das vereinigte Wasser den Flussnamen erhält und die drei Quellbäche in Richtung und Länge des Laufs, sowie in Wassermasse nur unbedeutende Unterschiede zeigen" [2]).

Geradezu als Aufgabe stellte sich Benoni das Finden der Quelle des Dniestr: „Der Bach von Dniestrzyk Dubowy darf dem von Wolcze keineswegs beigeordnet, sondern muss demselben untergeordnet werden, denn 1. der Bach von Wolcze hat bis zur Vereinigungsstelle mit dem Bache von Dniestrzyk Dubowy einen direkten Quellenabstand von circa 9 km, letzterer einen solchen von 3,5 km, 2. das Flussgebiet des Baches von Wolcze ist bis zur Vereinigungsstelle wenigstens zehnmal grösser, als das des Baches von Dniestrzyk Dubowy und demgemäss 3. auch seine Wassermenge und Breite eine durchaus bedeutendere. 4. Der vereinigte Bach steht an der Vereinigungsstelle ganz unter der Herrschaft des Baches von Wolcze, denn das linke Ufer des vereinigten Baches weist gleich unterhalb der Vereinigungsstelle eine konkave Ausbuchtung auf, die dem Stromstriche des Baches von Wolcze entspricht" [3]).

Marinelli ruft aus: „Assumendo isolatamente i vari criteri, che si possone mettere a base di tale eponimia, cioè: lunghezza maggiore di corso ; maggiore

---

[1]) Die aegyptischen Aequatorial-Provinzen. Peter. Mitth. 1880. p. 86.

[2]) Das Quellgebiet der Iller etc. in Zeitschrift für wissenschaftliche Geographie. V. Wien. 1885. p. 13. vergl. p. 22.

[3]) Mitteil. der K. K. geographischen Gesellschaft in Wien. 1879. p. 225.

copia d'acque; dirittura della corrente; altitudine della
sorgente; colore delle acque e natura torrentizia del
tributario ; si vede che ognuno di esse venne a volta
a volta violato" [1]).

Josef Zaffauk, Edler von Orion, definiert:
„Mündet ein Fluss in einen andern, so wird er zum
Nebenfluss, und jenen Fluss, der mehrere Nebenflüsse
aufnimmt, bezeichnet man als Hauptfluss." [2])
Nach Dr. W. Junker giebt sich der Hauptquell-
arm durch grössere Wasserquantität, durch längeren
Verlauf und durch die Richtung, in welcher er verläuft,
als solcher kund." [3])

Ernst Böttcher: „Wenn man nun auch zugeben
muss, dass der vereinigte Strom in der Richtung des
Luapula seine Wasser vorwärts wälzt, so hat es mehr für
sich, in der Frage, welchem die Bezeichnung Quellfluss
gebühre, das Wasservolumen entscheiden zu lassen, und
dann ist nach dem oben gesagten der Lualaba Sieger".
„Dieser Sankuru ist an Stelle des Kassai getreten,
denn vermöge seiner viel grössern Schiffbarkeit verdient
er bei der Namengebung entschieden den Vorzug, sodass der Kassai auf den Rang eines linken Nebenflusses herabgedrückt wird." [4])

Durch Böttcher bin ich auch bekannt geworden
mit einem mir sonst nie wieder aufgestossenen Brauch:
„Der Strom, bis vor kurzem Boruki genannt, entsteht
eigentlich aus der Vereinigung von drei Flüssen, von
denen der eigentliche Boruki sich 5 km vor der Mündung mit den beiden andern, Tschuapa und Bussera,
vereinigt, aber nur 13 km schiffbar ist, ein ganz un-

---

[1]) La terra, trattato popolare di geografia universale. 1883.
p. 395.
[2]) Die Erdrinde und ihre Formen. Wien. 1885. p. 23. 32.
[3]) Peterm. Mitth. 1880. p. 86.
[4]) Orographie und Hydrographie des Kongobeckens. Berlin.
1887. p. 26. 78.

bedeutendes Wasser. Es ist hier der unglückselige Negergebrauch zur Geltung gekommen, dass vom Zusammenfluss zweier Flüsse der Name des kleineren bleibt. Derselbe Missbrauch gab auch den Anlass zu dem Irrtum, dass der Kassai der eigentliche Kongo sei. Es muss sich aber die moderne Kartographie darüber hinwegsetzen und z. B. in unserm Fall den Fluss nicht Boruki sondern Tschuapa heissen". [1])

Hermann Roskoschny geht mit Zugrundelegung des Wolga-Werkes von Victor Ragosin mehrfach auf die Frage nach dem Hauptfluss des Wolgagebietes ein. „Die Gründe, welche zu Gunsten der Runa als der eigentlichen Quelle der Wolga angeführt werden, sind allerdings sehr wichtige. Es widerspricht allen Grundsätzen, welche bei Bestimmung der Quelle eines Flusses gelten, dass die längere Wasserlinie der kürzern untergeordnet werde, umsomehr, wenn sie aus grösserer Höhe herabkommt als jene. „Die ganze Uferbildung scheint ferner darauf hinzuweisen, dass unterhalb Nishnij Nowgorod nicht die Wolga, welche die Oka aufgenommen hat, sondern die durch die Wolga verstärkte Oka weiterfliesst" [2]).

„Die Frage, wer der Hauptstrom sei, könnte auch in bezug auf die Mokscha-Zna angeregt werden, denn die Zna verfolgt bis zur Mündung in die Wolga ihre ursprüngliche Richtung von S. nach N, während die Mokscha bedeutend länger und wasserreicher ist. Da wir aber bisher bei fast allen Flüssen des Wolgagebietes wahrgenommen haben, dass der Zufluss den Hauptstrom stets mehr oder minder seiner Richtung zu folgen zwingt, kann der Umstand, dass die Mokscha der Richtung der Zna folgt, hier nicht zu Gunsten der letztern ausgenutzt werden" [3]). „Unbestreitbar ist,

[1]) A. a. O. p. 77. 79. Vergl. Globus, Bd. 50. 1886. p. 100.
[2]) Die Wolga und ihre Zuflüsse. Leipzig 1887. p. 247. 266.
[3]) A. a. O. p. 271.

dass unterhalb des Dorfes Bogorodsk (am rechten
Wolgaufer) in der Wolga eine gewaltige Veränderung
sich vollzieht; die Farbe des Wolgawassers gleicht
jener der Kama; die Sandbänke, welche bisher der
Schiffahrt auf der Wolga so grosse Schwierigkeiten
bereiteten, sind verschwunden; der Strom schwillt zu
majestätischer Breite an. Aller Wasserreichtum der
Wolga auf der Strecke von Bogorodsk bis Astrachan
hängt jedoch von der Kama ab: wenn das Wasser in
der Kama fällt, ist auch die untere Wolga wasserarm,
gleichviel ob dann der Wasserstand bei Rybinsk ein
hoher oder niedriger ist"[1].

Roskoschny berichtet dann auch von einem Vorwurf, den Ragosin den Gründern des Wolgowerchowschen
Klosters mache: „Als dasselbe gegründet wurde, lag
nichts näher, als dass die Gründer desselben, die doch
Leute von mehr oder minder grosser Bildung waren,
für ihr Kloster die Quelle des grossen russischen
Stromes, des Mütterchens Wolga, auf welches alles
Sinnen und Trachten des russischen Volkes gerichtet
war, in Anspruch nahmen und den Abfluss des obersten
Sees oder Sumpfes für die Wolga erklärten". Roskoschny sucht die Mönche reinzuwaschen[2].

S. Günther schreibt: „Jeder Hauptfluss nimmt
Nebenflüsse auf, allein nicht immer ist die in der geographischen Wissenschaft übliche Bezeichnung auch die
morphographisch korrekte, wie denn bei richtiger Vergleichung der bisherigen Lauflänge und der mitgeführten
Wassermengen die Namen Donau und Mississippi von
rechtswegen durch Inn und Missouri zu ersetzen wären"[3].

Nach Christian Gruber sind es vier Momente,
die bei Bestimmung des Hauptquellarms eines Fluss-

---

[1] A. a. O. p. 284. Die Kama vom Volke „Mnogowódnaja"
die Wasserreiche genannt.
[2] A. a. O. p. 248. 250.
[3] Lehrbuch der Geophysik. II. Stuttgart 1885. p. 593.

systems vor allem in Frage stehen: Länge des Laufs, Thalrichtung mit Hinsicht auf den tektonischen Aufbau des Gebirges, Wassermenge und ununterbrochenes Fliessen."[1]) Gruber hält „vor allem" daran fest, dass hinter der Länge des vereinigten Halleranger und Lafatscherbaches sowohl der Karwendelbach als der Gleiersch ansehnlich zurücktreten.[2]) Eine grösste Anzahl von zu beachtenden Prinzipien stellten die bekannten Reisenden Gebr. d'Abbadie auf. G. A. v. Klöden berichtet darüber: „Die Entscheidung, ob ein Strom Haupt- oder Nebenfluss sein soll, setzen dieselben in folgende Punkte: 1. in die Wassermenge, bestimmt aus dem Querprofil; 2. in das frühere oder spätere Anschwellen; 3. in die Entfernung der Mündung von der Quelle, im Strombette gemessen; 4. in den direkten Abstand der Mündung von der Quelle; 5. in die Grösse des Stromgebietes; 6. in die mehr oder minder vollkommene Übereinstimmung der Richtung des Flusses mit der des ganzen Stromes; 7. in die Höhe der Quelle über dem Meere; 8. in die Übereinstimmung seines Schwellens mit dem des Unterlaufs; 9. in die Farbe und andere physikalische Eigenschaften; 10. in die Breite des Bettes; 11. in die Richtung des Nebenflusses, ob er dem Hauptstrom die seinige aufzuprägen scheint"[3]).

Leider giebt Klöden seine Quelle nicht genau an. Ich durchsuchte die mir zugänglichen Schriften der Brüder d'Abbadie, konnte aber trotz aller Bemühungen nicht die Zahl 11 erreichen. Andererseits gelang es mir,

---

[1]) Für die Festlegung der Wolgaquelle wurde von Poljakow 1874 (Peterm. Mitth. 1875. p. 232) ebenfalls das ununterbrochene Fliessen als Merkmal angewendet.

[2]) Isar-Studien, Jahresb. der geogr. Gesellsch. in München für 1887. München 1888. p. 60—62.

[3]) v. Klöden, Handbuch der physischen Geographie I. Berlin 1873. p. 528.

das „consentement universel" als auch entscheidenden
Faktor angegeben zu finden [1]), wovon Klöden nicht berichtet. Ich wandte mich deshalb an Herrn Antoine
d'Abbadie, welcher mir in liebenswürdigster Weise mit-
teilte, dass er in einer persönlichen Zusammenkunft
mit Klöden in Berlin 1855 diesem seine Ansichten „ver-
balement" geäussert habe. „Ce géographe prouve qu'il a
eu bonne mémoire; il n'a omis que le 12ième qui est
le consentement universel des indigènes accepté sans
discussion par les géographes. En effet ce dernier caractère peut bien ne s'accorder avec aucun des onze
autres". Antoine d'Abbadie kommt in seinen Schriften
immer wieder auf diese „question complexe pour la so-
lution de laquelle il n'existe pas de règle bien précise"
nach De La Roquette's, des damaligen Secrétaire gé-
néral de la Société de Géographie de Paris, Ansicht
zurück, ja am 5. März 1852 stellte er dieselbe sogar
in der Pariser geographischen Gesellschaft zur Diskussion, welche sehr lebhaft wurde, aber doch resultat-
los verlief: „Les meilleurs géographes ne paraissent
pas d'accord sur les caractères qui font reconnaître,
au point de bifurcation, le principal tributaire d'un
cours d'eau" musste er bald darauf bekennen. „C'est
néanmoins la considération du volume des eaux qui
a prévalu jusqu'aujourd'hui". „Je le crois indiqué par
le plus grand volume des eaux" schreibt er mir infolge
dessen, dieses wiederum „le résultat d'un plus long
parcours et par conséquent d'un bassin plus étendu".

Penck glaubt, die bei der Bestimmung von Hauptfluss und Nebenfluss übliche „allgemeine Regel" sei,

[1]) Antoine d'Abbadie, Géodésie d'Ethiopie. Paris 1873.
introd. p. V.

Arnauld d'Abbadie, Douze ans de séjour dans la Haute
Ethiopie. I. Paris 1868. p. 231.

Verschiedene Briefe und Abhandlungen Antoines im Bulletin
de la S. de G. de Paris 1845. p. 63. 313. 1852. III. p. 300. IV.
p. 433—434 u. a.

„dass der kleinere Fluss sich in den grössern ergiesst"[1].

Nach Egli entscheiden Wassermassen und Stromentwickelung[2].

Die eben erschienene offizielle „Denkschrift über die Ströme Memel, Weichsel, Oder, Elbe, Weser und Rhein" beantwortet unsere Frage verschiedentlich. Wie wir schon oben bemerkten, sah sie in dem Namen ein Erkennungszeichen. Sie fügt aber an derselben Stelle sofort hinzu: „Es ist eben aber an der in Deutschland gebräuchlichen Bezeichnung festgehalten worden, da der Bug vor der Vereinigung ein bedeutend grösseres Niederschlagsgebiet besitzt, als der Narew"[3].

„Wenn die Oder von jeher als der Hauptstrom, die Warthe aber als der Nebenfluss betrachtet worden ist, so dürfte dies seinen Grund nicht nur in der grössern Länge des Oderlaufes, sondern auch in der aus der gebirgigen Formation des Niederschlagsgebietes sich ergebenden bedeutenderen Wassermenge der Oder, besonders aber in den starken Schwankungen ihrer Wasserstände haben, welche Veranlassung geben, dass das Bett derselben im natürlichen Zustande eine weit grössere Breite besitzt, als das der Warthe. Die Oder trägt demzufolge wenigstens äusserlich in höherem Grade das Gepräge eines grossen Stromes".[4] „Das Niederschlagsgebiet der Elbe bis zur Mündung der Moldau berechnet sich auf 12,200 qkm, das der Moldau da-

---

[1] Unser Wissen von der Erde. Europa. I. 2. p. 444. Vergl. I. 1. p. 207. „Welcher der südamerikanischen Flüsse, der Orinoco, der Amazonen- oder La Plata Strom ist der grösste? Die Frage ist unbestimmt, wie der Begriff von Grösse selbst." Humboldt, Ansichten der Natur. I. Stuttgart u. Augsburg 1860. p. 183.
[2] Europa. I. 2. p. 363.
[3] Berlin 1888. p. 48.
[4] A. a. O. p. 94.

gegen auf 25,600 qkm, sodass eigentlich die letztere als der Hauptfluss betrachtet werden müsste, und zwar um so mehr, da dieselbe auch eine grössere Länge, nämlich 452 km, gegen die der Elbe bis zum beiderseitigen Zusammenflusse mit 307 km aufweist, wie auch mit Rücksicht darauf, dass die Moldau einen bedeutend grösseren Wasserreichtum besitzt als die Elbe und bereits von Budweis ab, also 241 km aufwärts schiffbar ist, während die Elbe letzteres erst nach der Vereinigung beider wird. Die grössere Höhe der Elbquellen aber und vornehmlich die schon bald am Anfange eingeschlagene nordwestliche Richtung, welche auch die Richtung des Ablaufes im allgemeinen ist, während die Moldau gerade in ihrem untersten Laufe eine entschiedene Wendung von Westen nach Osten macht, haben der geringeren oberen Elbe den Anspruch auf den Namen des Hauptflusses gesichert."[1] „Die Moldau ist als der eigentliche Quellfluss anzusehen".[2]

Hiermit beschliessen wir das etwas langatmige Verhör und fassen die verschiedenen Aussagen kurz zusammen.

Denjenigen Autoren, welche „au point de bifurcation", „at the point of junction", „an der Vereinigungsstelle" ihre Position nahmen, gilt von zwei sich vereinigenden Flüssen derjenige als die obere Fortsetzung des vereinigten, untern Flusses, welcher

I. sich vor dem andern, mit ihm sich verbindenden Flusse durch gewisse Grössenverhältnisse auszeichnet, und zwar durch
   1) Länge,
   2) Breite,
   3) Tiefe,
   4) Quellhöhe,

---

[1] A. a. O. p. 160.
[2] A. a. O. p. 162.

5) Zahl der Nebenflüsse,
6) Grösse des Flussgebiets (Niederschlagsgebiet),
7) Wassermasse,

II. mit dem unterhalb der Vereinigung gelegenen
    Flusslaufe in gewissen Erscheinungen und
    Eigenschaften übereinstimmt, und zwar in
    1) Richtung, bald lokal, bald allgemein,
    2) Charakter des Flussbettes, z. B. seen-
       artigen Erweiterungen, Stufenbildung,
    3) Uferbeschaffenheit,
    4) Schwellzeiten,
    5) ununterbrochenem Fliessen,
    6) Geschwindigkeit des Fliessens,
    7) Farbe des Wassers,
    8) Geschmack des Wassers,
    9) mitgeführtem Gerölle,
   10) Flora und Fauna,
   11) Schiffbarkeit,
   12) geschichtlicher Stellung,
   13) gemeinschaftlichem Namen, wie er sich
       nach altem Herkommen bei den Einge-
       borenen findet oder sich als „consente-
       ment universel" darstellt.

Übrig bleiben:
   1) Schönheit der Quelle,
   2) Heiligkeit der Quelle oder des Ausflusses,
   3) persönliche, lokale, provinzielle etc. Eitelkeit.

Weiter unten werden wir noch dem Alter als entscheidendem Faktor begegnen.

Wie man leicht bemerkt haben wird, treten besonders drei Prinzipien hervor, Länge, Wassermasse,
Richtung. Sie erfreuen sich ausserordentlicher Be-
liebtheit und werden wohl mindestens ebenso oft genannt, wie alle andern zusammengenommen. In bezug auf die Länge und Wassermasse scheint man

stellenweise eine fast unbewusste, wenigstens nicht ausgesprochene Benutzung derselben annehmen zu dürfen. So zieht Martius nur diejenigen Flussläufe heran, „welche rücksichtlich ihrer Länge als Hauptquelle betrachtet werden könnten", er setzt also eine gewisse Länge voraus, damit jene überhaupt zur Diskussion auch von andern Prinzipien aus zugelassen werden können. Auch Wallace beschränkt die Zahl der Konkurrenten durch den Zusatz: „which can lay a claim to be considered the head-waters of the Amazon." Wallace verlangt hier eine gewisse Grösse, sicherlich in Länge, resp. Wassermasse. Dasselbe glaube ich auch von andern Autoren vermuten zu dürfen. Vielleicht liesse sich noch auf einen allgemeinen Punkt hinweisen. Wir finden nämlich (wenn die herangezogene Litteratur zu diesem Urteil nicht etwa zu gering ist), dass, während die Gelehrten der Länge einen ausserordentlich wichtigen Platz einräumen, die „natürlichen Geographen ihres Landes" dieselbe ignorieren. Die Erklärung dieses Gegensatzes liegt auf der Hand. Dort die Karte, hier mehr oder weniger nur lokale Anschauung.

Dass die Quantität überhaupt diese Rolle spielt, liegt daran, dass man dem Hauptfluss eine gewisse höhere Würde gegenüber den Nebenflüssen beilegen zu müssen glaubt. Nach Sonklar drückt die Bezeichnung Haupt- und Nebenfluss „das Verhältnis der Über- und Unterordnung" aus. Peschel spricht von den durch die falsche Namengebung „erniedrigten Flüssen". Antonio de Ulloa spricht von „dem vornehmsten Arm". Nach Kriegk stehen die Nebenflüsse den Hauptflüssen gegenüber wie die „Nebensache einer Hauptsache". Doch hatte er vorher den Hauptfluss als abhängig von seinen Nebenflüssen behandelt.

Wie schon oben bemerkt, handelt es sich für die genannten Autoren immer nur darum, einen Fluss-

lauf als H a u p t f l u s s e i n e m andern als dem N e b e n -
f l u s s e gegenüberzustellen auf Grund der genannten
Kriterien.

Es würde sich nun die Frage erheben: Vermögen
letztere jenen Forschern zu leisten, was diese von
ihnen nicht bloss verlangten, sondern was diese ihnen
nach ihrer eigenen Auffassung wirklich leisteten?
statuieren sie nämlich auf der einen Seite einen Vorrang des Hauptflusses vor dem Nebenflusse auf
Grund ihrer quantitativen Natur, weisen sie auf der
andern Seite Identität nach zwischen zwei oberhalb
und unterhalb der Vereinigungsstelle mit einem
dritten Flusslaufe gelegenen Flussstrecken auf Grund
ihrer qualitativen Natur? Die herangezogenen Grössenverhältnisse waren: Länge, Breite, Tiefe, Quellhöhe, Zahl der Nebenflüsse, Flussgebiet, Wassermasse.
Wir behandeln hier vornehmlich nur Länge und Wassermasse als die beiden beliebtesten und daher am
meisten ins Feld geführten Grössen und beginnen mit
der Länge.

Wenn wir uns aus der grossen Anzahl von Fluss-
gebieten ein beliebiges auswählten und für sämtliche
Quellen, durch welche der Hauptfluss desselben schliesslich bis zu seiner Mündung gespeist wird, die Flusslängen[1])
bestimmten, welche sich bei Annahme jeder einzigen
dieser Quellen als Quelle des Hauptflusses ergäben, so
könnten wir dann auf Grund dieser Zahlen eine Kurve
zeichnen. Diese Kurve würde nun zeigen, dass wir es
nicht zu thun haben mit einzelnen schroff sich her-
aushebenden Längenwerten, sondern dass diese Werte
vielmehr eine durch Zwischenglieder verknüpfte, zu-
sammenhängende, allmählich aufsteigende Reihe bilden.
Die obersten dieser Werte, um die es sich ja
für die genannten Autoren handelt, stehen durchaus

---

[1]) Dasselbe gilt für die Quellhöhen.

nicht so isoliert, so scharf von einander getrennt da, sie sind vielmehr ebenso wie die andern Werte Glieder einer und derselben Kette, wenn auch extreme. Mir erscheint es bedenklich bei diesem innigen Zusammenhange, bei diesem allmählichen Anwachsen der Längen dem extremen Gliede einen so entscheidenden Einfluss einzuräumen. Schon Jackson führte, wie wir bereits oben bemerkten, dieses Moment an gegen die Klassifikation von Flüssen überhaupt auf Grund eines quantitativen Faktors: „each list would still be so gradual as to baffle all attempts at a distribution into orders or classes founded on such data". Für geradezu unstatthaft müssen wir dies Unternehmen erklären, wenn, wie sicherlich in andern Teilen der Kurve, so auch bei dem obern Ende sich eine Horizontalität der Kurve ergäbe, welche also zwei, drei oder mehr einander gleiche Glieder anzeigen würde. Dass eine schroffe Isolierung durch seine Länge für diesen oder jenen Fluss gegenüber seinen Konkurrenten überhaupt stattfindet, leugnen wir nicht; wir verlangen nur ein allgemein gültiges Merkmal.

Betrachten wir dann die Stabilität der Flusslängen; denn zweifellos werden wir eine solche, bis zu einem gewissen Grade wenigstens, verlangen müssen, um die fraglichen Unterschiede auf die Länge begründen zu können. Wir unterlassen es, alle jene Ursachen aufzuzählen, welche Veränderungen der Flusslängen veranlassen, da uns das zu weit wegführen würde von unserm Ziel[1]); wir gedenken hier nur der gewöhnlichen Serpentinenbildung. Wie gross die Wirkung der Bildung der Serpentinen resp. ihrer Vernichtung auf die Flusslänge überhaupt ist, geht aus folgender Betrachtung hervor. Während eine Karte

---

[1]) Wir denken hier besonders an alle jene Machtmittel, welche den Kampf um die Wasserscheide nach dieser oder jener Seite zu entscheiden im stande sind.

von grossem Massstabe alle Krümmungen eines Flusslaufes, grössere wie kleinere, zur Darstellung bringt,
verschwinden bekanntlich die kleinen und weniger
grossen auf Karten kleineren Massstabes. Die Messung
der Länge ein und desselben Flusses ergiebt demnach
bei derselben Methode verschiedene Resultate je nach
dem Massstabe der benutzten Karte. August Peter-
mann hat eine solche Messung durchgeführt; als deren
Resultat ergab sich für den „Severn, from its source
to Shrewsbury"

	Scale	Length Miles	Difference Miles Pr. Cent
On the Ordnance or National Map	1 m to 1 inch	81.8	— —
Index Map of the Ordn. Map.	10 m to 1 inch	68.5	13.3 16.3
Petermann River Map of the Brit. Isles	25 m to 1 inch	62.5	19.3 23.6
Useful knowledge Society. Map of British Isles	42 m to 1 inch	58.0	23.8 29.1

Man erkennt sofort, einen wie grossen Anteil die
Serpentinen an der Stromentwickelung nehmen.[1]
Nun sind aber bekanntlich diese Serpentinen einer
vergleichsweise sehr grossen und häufigen Veränder-
lichkeit unterworfen. „Les sinuosités qui se forment
ainsi augmentent de plus en plus, jusqu'à ce qu'un

[1] Journal of the R. G. S. of London. 1848. p. 93. Bei
diesen Ergebnissen Petermanns möchte eine Vergleichbarkeit,
d. h. eine wirklich wissenschaftliche Benutzbarkeit eines Zahlenmaterials für die Flusslängen nur bei, aus Karten desselben Massstabs gewonnenen Resultaten zuzugestehen sein. Die Differenzen
in den Angaben für die Flusslängen rühren wohl weniger von
den verschiedenen Methoden, als von dem verschiedenen Karten-
massstab her. Dasselbe gilt von den Küstenlängen.

débordement se creusant un nouveau lit rétablisse un cours plus direct etc. Les redressements spontanés que l'on nomme sauts (salti) sont fréquents, surtout lorsque les alluvions sont peu élevées; on peut ainsi avoir des raccourcissements de plusieurs milles etc.[1]) Auch Humphreys und Abbot sprechen von den „beständigen Schlängelungen" des Mississippi, von den „beständigen Rektifizierungen, die der Fluss seit Jahrhunderten in seinem Bette selbst vorgenommen hat".[2]) Auch Albert Heim sprach von der „ewigen Beweglichkeit der Serpentinen" im Mittellaufe.[3]) Noch kürzlich unterschieden Noe und Margerie auf Grund gerade dieses Momentes die „méandres divagants" von den „méandres encaissés". Sie schreiben: „A cause de leur instabilité de position, nous désignerons sous le nom de méandres divagants les sinuosités décrites par un cours d'eau coulant dans les larges vallées à fond plat ou dans les plaines." „Certains cours d'eau, qui ne sont pas libres de divaguer, par suite du relèvement immédiat des versants à partir de leurs rives, décrivent cependant des sinuosités dont le tracé rappelle exactement celui des méandres divagants etc. Nous désignerons ces sinuosités sous le nom de méandres encaissés."[4]) Für uns handelt es sich selbstverständlich nur um jene, um die méandres divagants. Für diese sind die Stromlängen in ewigem Fluss und Wechsel begriffen, bald kürzer, bald länger. Mir erscheint schon hiernach in dieser Unbeständigkeit ein

---

[1]) Lombardini, notice sur les rivières de la Lombardie etc. Annales des ponts et chaussées. 2ième série. 1847. 1er semestre. p. 137.

[2]) Grebenau, Theorie der Bewegung des Wassers in Flüssen etc. München 1867. Einleitung von Kohl, aus der Augsburger Allgem. Zeitung. 12. Aug. 1863. p. 6. Das englische Original lag mir augenblicklich nicht mehr vor.

[3]) Mechanismus der Gebirgsbildung etc. I. Basel 1878. p. 293.

[4]) Les formes du terrain. texte. Paris 1888. p. 68. 69.

schwerwiegender Grund dafür zu liegen, die Länge als ein Hauptfluss und Nebenfluss unterscheidendes Merkmal nicht anzuerkennen. Zur weiteren Bekräftigung dieser Auffassung führe ich ein frappantes, und nicht bloss theoretisches, sondern faktisches Beispiel an. Auf Grund der von Friedrich d. Grossen 1763 erlassenen Ufer-Ward und Hegungs-Ordnung wurde mittels zahlreicher Durchstiche zum Nutzen der Landwirtschaft und der Schiffahrt der Oder ein graderer Lauf gegeben, wie er im wesentlichen noch jetzt besteht. Ihre Länge von Ratibor, wohin der Anfang der Schiffbarkeit verlegt war, bis zur pommerschen Grenze, über welche hinaus eine Verbesserung derselben überhaupt nicht erforderlich schien, wurde dadurch von 798 auf 644 km oder fast um ein Fünftel, genau um 154 km verkürzt[1]. Wenn die Gesamtlänge der heutigen Oder von den Quellen bis zur Mündung der Swine 944 km beträgt[2], so betrug dieselbe vor der Regulierung 944 + 154 = 1098 km. Die Länge der Warthe ist gleich 795 km, die Warthemündung liegt 182 km oberhalb Swinemünde[3]. Die Gesamtlänge ergibt sich mit 795 + 182 = 977 km. Wenn also die Länge das entscheidende Merkmal wäre, so wäre demnach die Oder mit 1098 km gegenüber den 977 km der Warthe als der Hauptfluss zu bezeichnen gewesen. Da kam das böse Reskript Friedrich d. Grossen und reduzierte die Oderlänge um 154 km, also auf 944 km. Alle Vorrechte der Oder sind damit dahin; seit dieser Zeit liegt, da es sich ja um die Namen handeln soll, Stettin an der Mündung der

---

[1] Denkschrift über die Ströme Memel, Weichsel, Oder, Elbe, Weser und Rhein etc. Berlin 1888. p. 116.

[2] A. a. O. p. 93.

[3] A. a. O. p. 100 u. p. 94. Leider fehlt in der offiziellen Denkschrift die Einheitlichkeit des Zahlenmaterials, wenigstens für die Oder.

Warthe! Bei der geringen Differenz von 33 km ist eine Regulierung der Warthe vielleicht im stande, die Oder in ihre verlorenen Rechte wieder einzusetzen. Nach diesem Beispiel dürften wohl auch die enragiertesten Verfechter der Länge in dieser labilen Erscheinung nicht mehr das Merkmal höherer oder minderer Würde eines Flusses erblicken, wenn es sich überhaupt hierum handelte.

Wenn wir uns demgegenüber nun fragen, worin bestand denn die weitere Begründung für die Annahme der Länge als des entscheidenden Momentes? so müssen wir zuerst bemerken, dass eine solche Begründung nur ganz vereinzelt sich zeigt. So sah Hassel in der grössern Länge eines Flusses die grössere Wassermasse mit gegeben; dasselbe hielt auch Sonklar für das Gewöhnliche. Nach Link „hat der längste Fluss alle andern aufgenommen", nach Burmeister hat er sie „gleichsam absorbiert". Kohl führt auf die grösste Länge auch die grösste Wassermasse und die gradeste Richtung zurück, hält jeden dieser Faktoren bei der Bestimmung des Haupt- und Nebenflusses für wichtig, weil sie die anthropogeographischen Werte derselben bestimmen. Antoine d'Abbadie nimmt die Wassermasse schliesslich an, „le résultat d'un plus long parcours et par conséquent d'un bassin plus étendu". Dass diese Begründung der Annahme der Länge keiner ernstlicheren Zurückweisung bedarf, leuchtet sofort ein, denn erstens haben anthropogeographische Gesichtspunkte meines Erachtens hier überhaupt nicht mitzureden, und zweitens sind alle jene Behauptungen nur bedingt wahr: ceteris paribus, sonst nicht[1]).

---

[1]) Auf Grund genauerer Vergleiche bemerkte Lortet (Documents pour servir à la géographie physique du bassin du Rhône. Annales des Sciences physiques etc. Lyon. VI. 1843. p. 68.): „on remarquera qu'un fleuve n'occupe pas toujours le même rang pour

Für den von L i n k angegebenen Grund möchte diese
Bedingung vielleicht nicht sofort klar sein. Ein
Fluss kann einen andern „aufnehmen", nur wenn er
niedriger liegt als letzterer, andernfalls nicht.
Dass die Länge auch ihre Gegner hat, ist demnach
nicht mehr wunderbar. J a c k s o n erwähnten wir bereits als solchen, ebenso die A j e w e r B a u e r n, nach
welchen „der weite Ursprung nichts zur Sache thue".
In den schärfsten Gegensatz aber zu ihr ist kein geringerer getreten als F. v. R i c h t h o f e n. Derselbe
schreibt: „Wie in vielen andern Fällen hat hier der
volkstümliche Brauch das Richtige getroffen, indem
der Hauptname für den Fluss des Hauptthales beibehalten worden ist, ohne Rücksicht auf die Länge
der Zuflüsse, welche ihm aus verschiedenen Nebenthälern zuströmen. In diesem Fall nimmt das grosse
Längsthal den Wasserzufluss der südlichen und nördlichen Gebirge auf, und wenn auch der Hei-lung-kiang
sich als bedeutend länger erweist, als der Fluss des
Hauptthales oberhalb der Vereinigung mit ihm, so ist
ihm doch deutlich nur der Charakter eines Zuflusses
aufgeprägt. Er müsste nach der unwissenschaftlichen
Sitte unserer Zeit, den Hauptnamen ausschliesslich auf
die längste Ader eines Stromsystems zu übertragen,
als der eigentliche Han betrachtet werden. In diesem
Falle wird man die Nomenklatur ebenso wenig ändern
können, wie es gelingen wird, den Inn zur obern
Donau und die Isl zur obern Drau zu stempeln. Nur
wo die Kartographie das Bild der Flüsse klar zu legen
beginnt, wendet man die akademische Nomenklatur
an, indem z. B. der Name des Indus, welcher aus der
Hauptfurche von Sartok herabkommt, jetzt mit Vor-
liebe diesem rechtmässigen Wasserlauf genommen und

l'étendu de son bassin, la longueur de son cours et le volume de
ses eaux." Man vergl. Hinman, Eclectic physical geography.
New-York 1888. p. 210.

auf einen nördlichen Zufluss übertragen wird, weil
derselbe längere Quellarme hat."[1]) Dieses Richthofen-
sche Urteil, es sei unwissenschaftlich, die Länge als
entscheidendes Merkmal zwischen Hauptfluss und
Nebenfluss zu betrachten, können wir nach obigem
wohl ganz unterschreiben; dass es in vollstem Masse
ein gerechtes ist, wird sich aus den weiteren Dar-
legungen, bei Auseinandersetzung der unserer Ansicht
nach wirklichen Bedeutung des hier in Frage stehenden
Gegenstandes, hoffentlich noch des weiteren ergeben.
  Wenden wir uns nun zu der Wassermasse, als
dem nächst der Länge am öftesten angeführten Merkmale. Von vornherein könnte man wohl geneigt sein,
dieses Kriterium anzuerkennen; ist doch ein Fluss eben
nichts anderes als ein „fliessendes Gewässer".[2]) Aber
bei näherer Betrachtung liessen sich doch wohl dagegen Bedenken äussern. Wenn von zwei sich vereinigenden Flüssen der eine vermöge seiner grösseren
Wassermasse als Hauptfluss, im Gegensatz zu dem die
geringere Wassermasse führenden Nebenfluss, bezeichnet
werden soll, so dürfte sicherlich das Verlangen gerechtfertigt erscheinen, dass diese quantitative Überlegen-
heit eine dauernde sei, dass sie nicht zwischen den
beiden in Frage stehenden Flüssen periodisch alterniert.
Letzteres ist aber der Fall bei einer Reihe von Flüssen.
„On voit par ces mesures de M. Livant Bey, que dans
la saison sèche le fleuve Blanc débite presque deux
fois autant d'eau que le fleuve Bleu. C'est le contraire
pendant l'inondation, c'est à dire à l'époque où le Nil
attend sa plus grande importance. Le fleuve Bleu a
alors un peu plus d'eau que le fleuve Blanc dans la

---

  [1]) China. II. p. 591. Anm. Es handelt sich, wie man
leicht bemerkt, für Richthofen eigentlich auch nur um die Eigennamen.
  [2]) Die Erdrinde und ihre Formen. Von Josef Zuffauk Edler
von Orion. Wien 1885. p. 23.

proportion de 31 à 30 etc."[1]) Ebenso wie hier zwischen
Weissem und Blauem Nil eine jahreszeitliche Veränderung der hegemonischen Stellung innerhalb des Nilsystems danach eintreten würde, ist das auch sonst
noch vielfach der Fall: „A l'époque des eaux basses,
le torrent d'Arve roule une masse liquide inférieure
de moitié à celle du Rhône; mais pendant les crues,
c'est lui qui devient le maître." Wir glauben kaum,
dass jemand ernsthaft die Folgerung zu billigen vermöchte, die Reclus aus diesem periodischen Wechsel der
Wassermassen zieht: „Suivant les saisons, les deux
cours d'eau sont tour à tour le fleuve principal."[2])
Und da es sich nach Annahme der meisten Forscher
auch noch um die richtige Namengebung handelt, so
würde der Verwirrung kein Ende.

Wir sehen dem Einwurf, den man uns sicher bereits im stillen gemacht, entgegen, es handle sich
garnicht um die Wassermassen, welche die betreffenden
Flüsse in dieser oder jener Jahreszeit wechselnd führen,
sondern um die mittleren Mengen, welche während
des Verlaufs eines ganzen Jahres geliefert würden.
Von zwei sich vereinigenden Flüssen A und B wäre
demnach A, welcher dem vereinigten Flusse eine, auch nur
um ein geringes grössere mittlere Wassermasse während
des Verlaufs eines Jahres zuführte als B, der Hauptfluss. Nun scheint uns aber kein Grund vorzuliegen,
diese mittleren Wassermassen als Ausschlag gebend
zu betrachten und schon deshalb A die höhere Würde,
den Vorrang als Hauptfluss, um den es sich ja handeln soll, zuzuerkennen; charakterisieren doch überhaupt die Mittelwerte oft so ausserordentlich wenig
das Wesen der betreffenden Erscheinungen. Je grösser
die Amplitude zwischen den beiden periodischen

---

[1]) Bulletin de la S. de G. de Paris 1852. tome IV. p. 436.
[2]) Nouvelle Géographie universelle. II. La France. Paris
1879. p. 211.

Extremen, desto grösser die Verschiedenheit zwischen
dem Wesen des Objekts und seiner Charakterisierung
durch den Mittelwert. Wie enorm sind nun aber nicht bei
vielen Flüssen die vorkommenden Unterschiede in den
Wassermengen! Entsprechen ausserdem doch auch
nicht den mittleren Wassermassen der Flüsse ihre
Verrichtungen, ihre Arbeit und danach ihre Werte.
Nicht dass wir ihre anthropogeographischen Verrichtungen auf ihre Werte hin mit einander verglichen,
etwa wie die Chinesen die weitere Schiffbarkeit; wir
denken vielmehr nur an die mechanische Arbeit der
Ströme vermöge ihrer Wassermasse. Für diese
mechanische Arbeit ist nun aber „der periodische
Wechsel der Wassermasse ein sehr wichtiger Faktor.
Da die Erosion und die Tragkraft in stärkerm Masse
zunehmen als die Wassermasse, so wird die Ver-
doppelung einer Wassermasse deren mechanische
Leistungsfähigkeit mehr als verdoppeln. Ein Fluss,
welcher periodisch anschwillt, übt daher eine viel
grössere erodierende und transportierende Kraft aus,
als ein solcher, welcher bei gleichem Mittel stets dieselbe Wassermasse führt. Es geht daraus hervor,
dass das Bett eines Flusses sich nach der Verteilung
der Kräfte bei Hochwasser gestaltet" [1]). Von den
beiden genannten Flüssen A und B würde demnach
B trotz des etwas geringeren Mittels, doch durch bedeutenden periodischen Wechsel der Wassermasse, den A
nur in minimalem Masse zeigt, ceteris paribus, seine
mechanische Leistungsfähigkeit im Gegensatz zu A sehr
erhöhen und auf Grund dieser seiner höhern Arbeitsleistung vielleicht den Titel eines Hauptflusses be-
anspruchen.

Damit aber wären wir von der Wassermasse, resp.
ihrer periodischen Verteilung zu einer Funktion der-

---

[1]) v. Richthofen, Führer für Forschungsreisende. Berlin 1886.
p. 153.

selben gelangt. Ob aber die Arbeitsleistung nun ihrer-
seits als entscheidendes Merkmal sich benutzen liesse,
erscheint doch höchst zweifelhaft, ist sie doch mit abhängig von ganz ausserhalb der Wassermasse liegenden
Faktoren. Ebenso wie bei der Länge, werden wir auch
bei der Wassermasse weiter unten einem andern ab-
lehnenden Moment begegnen. Wir nennen hier gleich nur ganz kurz die Breite,
die Tiefe und die Geschwindigkeit, letztere als die
Vertreterin der dritten Dimension bei der Berechnung
des Kubikinhalts fliessender Wasser. Unseres Erachtens können alle drei Erscheinungen durchaus nicht
als Merkmale dienen, um von zwei sich vereinigenden
Flüssen den einen als Hauptfluss, den andern als
Nebenfluss jenes zu bezeichnen. Als Grund dieser
Ablehnung geben wir an die durch immer wieder neue
Ursachen veranlasste ewige Veränderung, welche Breite,
Tiefe, Geschwindigkeit eines Flusses von Punkt zu
Punkt erleiden, auch ohne dass ein zweiter Fluss sich
mit jenem vereinigte. Alle drei sind uns viel zu sehr
lokale Erscheinungen, als dass wir ihnen diese Be-
deutung einräumen könnten.[1] Ausserdem sind sie

---

[1] Wer die Wassermasse der Flüsse zu berechnen lehrte, ist
bisher noch nicht festgestellt worden. Bei Peschel (Geschichte
der Erdkunde. 2. Aufl. München 1877. p. 769) wird Riccioli
„der erste Naturforscher genannt, welcher 1672 aus der Breite,
der mittlern Tiefe und der Geschwindigkeit eines Stromes seine
Wasserfülle berechnete". Günther (Lehrbuch der Geophysik. II.
Stuttgart 1885. p. 596) bringt zu dieser Frage nichts weiter bei.
Nun findet sich schon in dem „Opus Scipionis Claramontis
Caesenatis de Universo" Coloniae Agrippinae. 1644. p. 134 die
Frage beantwortet: „Quo abeat tanta aqua, quae in mare excurrit
et tam cito." Eine Vorstellung von der Grösse dieser Wasser-
masse versucht der Verfasser zu gewinnen an der Hand einer
Berechnung der vom Arno und dann der vom Amazonas gelieferten
Massen, bei welcher die Geschwindigkeit berücksichtigt wird.
Er antwortet: „si autem consideremus reliquos toto orbe fluvios
omniumque aquam componamus, in immensam molem crescet" etc.

wegen des Wechsels der Wassermengen auch ausserordentlichen Schwankungen unterworfen, so dass bald
der eine, bald der andere von zwei sich vereinigenden
Flüssen hierin den Vorrang hätte. Auch folgendes bedenken wir: Wenn wirklich Breite, Tiefe und Geschwindigkeit solch einen Vorzug involvierten, wie man ihn behauptet, sollte da die Forderung nicht gerechtfertigt erscheinen, dass der aus der Vereinigung beider entstehende
Fluss jeden von diesen in den genannten Eigenschaften
übertreffe? Und doch ist dem in so vielen Fällen
durchaus nicht so, oft findet sich sogar das Gegenteil!

Aber schon 16 Jahre früher, 1628, hat Benedetto Castelli, monaco
Cassinense, in seiner Schrift: „Della misura dell'acque correnti"
neben Breite und Tiefe eines Flusses seine Geschwindigkeit als
notwendigen Faktor eingeführt. (Terza edizione. Bologna 1660.
p. 57.) „Imperoche trattando si della misura dell'acqua corrente,
è necessario, essendo l'acqua corpo, per formare concetto della
sua quantità, considerare in essa tutte tre le dimensioni, cioè
larghezza, profondità, e lūghezza, le prime due dimēsioni sono
osservate da tutti nel modo cōmune, e ordinario di misurare le
acque corrēti; ma viene tralasciata la terza dimensione della
lunghezza; e forsi tale mancamento è stato cōmesso, per essere
riputata la lunghezza dell' acqua corrente in un certo modo infinita, mētre non finisse mai di passare, e come infinita è stata
giudicata incomprensibile, e tale, che non se ne possa hauere
determinata notizia, e per tāto non è stato di essa tenuto conto
alcuno: Mà se noi più attentamente faremo reflessione alla cōsi-
derazione nostra della velocità dell'acqua ritro varemo, che tenen-
dosi cōto di essa si tiene conto ancora della lunghezza; conciosia
cosa che, mentre si dice la tale acqua di Fonte corre non velocità di fare mille, o dua mille cāne per hora, questo in sostanza
non è altro, che dire la tale Fontane scarica in un' hora un'
acqua di mille, o due milla canne di lunghezza. Si che se bene
la lunghezza totale dell'acqua corrente è incomprèsibile, come
infinita, si rende però intelligibile à parte à parte nella sua velocità" etc. Wie Peschel den Riccioli ins Feld führen konnte,
erscheint unerfindlich mit Rücksicht auf die Stellen bei Riccioli
selbst. (Geographia et Hydrographia reformata. Bononiae 1661.
fol. 244—248. 443—450.) In der neueren Litteratur ist nur bei
Humphreys and Abbot (Report upon the physics and hydraulics

Wir wenden uns nun zu jener zweiten Reihe von
Merkmalen, welche in der Übereinstimmung zweier
Flüsse in gewissen Erscheinungen und Eigenschaften
bestehen. Als solche Eigenschaften wurden genannt:
die Richtung, bald nur lokal, bald allgemein; der
Charakter des Flussbetts, z. B. Einschnürungen resp.
seeartige Erweiterungen, Stufenbildung etc.; die Ufer-
beschaffenheit, bald steil, bald flach, auch die
geognostische Beschaffenheit; die Schwellzeiten; ununterbrochenes Fliessen; Geschwindigkeit; Farbe; Geschmack; mitgeführtes Gerölle; Flora und Fauna;

of the Missisippi. Philadelphia 1861. p. 185) Castelli anerkannt:
„he first introduced the velocity as an element in estimating the
discharge of a river." Vielleicht aber lässt sich die Frage noch
um circa 100 Jahre weiter zurückführen. Der geniale Leonardo
da Vinci († 1519) (The literary works compiled an edited from
the Original Manuscripts by Jean Paul Richter. vol. I. London
1883. § 394) schrieb: „Tutti i rami delli alberi in ogni grado
della loro altezza giunti insieme sono equali alla grossezza del
loro pedale. Tutte le ramificatione dell'acque in ogni grado di
loro lunghezza, essendo d'equal moto, sono equali alla grossezza
del loro principio." Vol. II. § 1083: „Il fiume d'equal profondita
avra tanto pio fuga nella minore larghezza che nella maggiore,
quanto la maggiore larghezza avanza la minore; questa pro-
positione si pruova chiaramente per ragione conferma dalla spe-
zienza, imperochè, quando per uno canale d'uno miglio di larghezza
passera uno miglio di lughezza d'acqua, dove il fiume fia largo
5 migli, ciascuno de 5 migli quadri mettera ¹/₅ di se per ristaurare
il miglio quadro d'acqua mancato nello pelago, e dove il fiume
fia largo 3 miglia ciascuno d'essi migli quadri metterà di se lo
terzo di sua quantità per lo mancare che fecie il miglio quadro
dello stretto etc." Vol. II. § 1084: „Perchè è maggiore sepre la
corrente di Spagnia inverso ponente che per Levante." „Sichè
chiaramente questi fiumi insieme con infinite fiumi di minor fama
hanno maggiore larghezza e profondità e corso." Vielleicht liesse
sich's auch in folgende Stelle bei Varenius hineininterpretieren
(G. g. l. I. c. XVI. prop. XIII.) „cur unus idemque fluvius in uno
loco celeri, in altero tardo cursu fertur? causae sunt — 3. angustia
alvei et profunditas cum aquae copia." Ob man augenblicklich
mit Varenius nicht eine gewisse Abgötterei treibt?

die Schiffbarkeit; die geschichtliche Stellung; der gemeinschaftliche Name. Bei der Untersuchung, ob die genannten Eigenschaften geeignet oder ungeeignet sind, die geforderte Übereinstimmung nachzuweisen, schliessen wir uns an Kohl an, welcher hierüber sich folgendermassen äussert: „Jeder Hauptfluss muss als das betrachtet werden, was er in der That ist, als ein Beieinanderfliessen unzählig vieler kleiner Flussfäden." „Hierbei wäre jedoch zu bemerken," fügt er hinzu, „dass, wenn auch der Fluss durch eine Vereinigung mit einem andern nicht als Fluss zu existieren aufhört, er doch als solcher Fluss, von der Grösse, von den Eigenschaften, mit denen er bisher existierte, nicht mehr vorhanden ist. Er vereinigt sich mit einem andern Flusse, die Mischung nimmt andere Eigenschaften an, als jedes Einzelne bisher für sich hatte, andere chemische Eigenschaften, andere Schnelligkeit, andere Tiefe, andere Breite u. s. w. Es existiert also keiner von beiden Flüssen mehr so wie zuvor, und man könnte daher die Mischung auch noch als Fluss ansehen, müsste sie aber als einen ganz andern Fluss betrachten. Hieraus folgte nun eine ganz andere Betrachtungsweise eines Flusssystems, wonach man dasselbe aus so vielen verschiedenen Flussstücken zusammengesetzt sein liesse, als sich Flusspaare mit einander verbänden." Da aber letztere Folgerung sehr viele Unbequemlichkeiten mit sich führen würde, so lässt er dieselbe fallen und betrachtet die verschiedenen Fälle, die bei der Vereinigung mehrerer Flüsse eintreten können. „Beide können nämlich entweder von gleicher Bedeutendheit, oder der eine kann bedeutender, der andere unbedeutender sein. In dem ersten Falle werden beide auf ganz gleiche Weise verändert, der eine wird durch die Vereinigung um ebensoviel stärker als der andere. In dem zweiten Fall aber wird der bedeu-

tendere Fluss durch den Zusammenfluss weniger verändert, weniger vertieft und verbreitert als der unbedeutendere, und zwar um so weniger, je mehr er
bedeutender ist, als dieser. Der kleine aber wird desto
mehr ein anderer, je mehr er kleiner als der grosse
ist. Er kann endlich so klein werden, dass seine
Wirkung in der grossen völlig verschwindet und die
Veränderung, welche der grosse erleidet, so gut wie
gar nicht merklich ist." Hieraus zieht Kohl folgende
Regeln: „dass man entschieden da immer ein Verschwinden beider Flüsse und die Bildung eines neuen
Flusses annehmen müsste, wo zwei gleich grosse
Flüsse zusammenkommen, dass man aber da, wo zwei
nur wenig verschiedene Wassermassen zusammenfliessen,
von einem partiellen Verschwinden eines Viertels, eines
Halben, eines Drittels u. s. w. reden sollte, und dass
nur da ein völliges Ende des einen Flusses beim Einmünden in den andern anzunehmen wäre, wo er im
Verhältnisse zu jenem so unbedeutend klein wäre, dass
er dabei garnicht in Anschlag käme." Kohl bemerkt
dann selbst, dass die Beobachtung der ersten und
letzten dieser Regeln ohne alle Schwierigkeiten sei,
die Ausführung der zweiten aber desto grössere
Schwierigkeiten biete. „Man hat daher immer schon
das geringste Übergewicht des einen Flusses über den
andern für das Ganze entscheiden lassen, sodass bei
jeder Flussvereinigung der unbedeutendere Fluss als
beendigt und der bedeutendere als fortexistierend angesehen wird"[1]). Da wir der Ansicht sind, dass

---

[1]) Der Verkehr und die Ansiedlungen der Menschen in ihrer
Abhängigkeit von der Gestaltung der Erdoberfläche. Dresden u.
Leipzig 1841. p. 405—409. „Während nach unsern heutigen
Begriffen die Individualität eines Flusses mit seiner Einmündung
in einen grössern verschwindet, hatten die Chinesen von Yü's
Zeit eine gerechtere Anschauung von den Ansprüchen der Zu-
flüsse und nahmen an, dass dieselben mit dem Hauptstrome

derjenige von zwei sich vereinigenden Flüssen, welcher
als der Hauptfluss betrachtet werden soll, auch über
seine Vereinigung mit einem ihm zufliessenden, als
Nebenfluss zu betrachtenden Flusse hinaus die Eigenschaften bewahren muss, welche ihm eben den Charakter als Hauptfluss geben, um zu bleiben, was er
vorher war, da wir aber andererseits, übereinstimmend
mit Kohl's eigenster Ansicht, meinen, dass zwei sich
vereinigende Flüsse in bezug auf die angeführten
Eigenschaften, wie Geschwindigkeit, Farbe, Geschmack,
Gerölle etc. aufhören, als solche zu existieren, der
Nebenfluss also nicht bloss, sondern auch der Hauptfluss, so können wir in den genannten Eigenschaften
nicht Merkmale erblicken, geeignet, die Differenz
zwischen Haupt- und Nebenfluss zu begründen, wenn
auch nur in der Auffassung der genannten Forscher. Wir
geben ausserdem zu bedenken, dass periodischer
Wechsel der Wassermassen gerade auf diese Erscheinungen ausserordentlichen Einfluss zu üben im Stande
ist. Wir wenden nun unsere Aufmerksamkeit besonders
noch auf zwei, vor den andern durch vielfache Benutzung
ausgezeichnete Merkmale, die Richtung und die Farbe.

Was die Richtung betrifft, so erkennen wir an,
dass dieselbe von vornherein eine gewisse Bedeutung
als Merkmal für sich in Anspruch zu nehmen wohl
berechtigt erscheinen dürfte. Ist die Richtung doch
ein echt geographisches Moment! Zwiefach ist dieselbe angewendet worden. Erstens zog man heran
von zwei sich vereinigenden Flüssen A und B die
mehr oder weniger übereinstimmende Normaldirektion
eines der beiden mit der Normaldirektion des aus

---

gemeinsam weiter fliessen und sich an irgend einer Stelle wieder
von ihm trennen könnten." Richthofen, China. I. p. 331—334.
Mit eigentümlichen derartigen Anschauungen in Indien und Tibet
machte uns bekannt H. v. Schlagintweit, Reisen in Indien und
Hochasien I. 1869. p. 301.

der Vereinigung beider hervorgehenden Flusses C;
zweitens begnügte man sich mit dieser Richtungs-
Übereinstimmung an der Vereinigungsstelle, die Richtung wurde nur ganz lokal betrachtet. Auf den ersten
Punkt kommen wir auch noch weiter unten zurück,
bemerken aber jetzt schon, dass zwei Forscher, welche
natürlich von der Mündung des betreffenden Flusses
ins Meer aus auf Suche nach dem weitern Verlaufe
des Hauptflusses ausgehen, sich vielleicht nicht immer
über ihren Haltepunkt vereinigen könnten. So möchte
vielleicht mancher an der Mündung des Apure in den
Orinoco meinen ausruhen zu dürfen, während es andere
ruhelos weiter triebe bis zum Guaviare, wo wir schon
A. v. Humboldt in dem Bewusstsein, die richtige
Normaldirektion eingeschlagen zu haben, antrafen.
Wenn sie dann aber auch auf demselben Haltepunkt an-
gekommen sind, würde vielleicht der Streit vielfach beginnen über den weiteren Verlauf der Normaldirektion,
und wie wir glauben, oft unentscheidbar, wenn nämlich
beide Oberläufe von der Direktion des Unterlaufes
nur in einem geringen Winkel abweichen. Was den
zweiten Punkt betrifft, so glauben wir nur wenigen
der überhaupt genannten Merkmale einen so energischen
Widerspruch entgegensetzen zu müssen, wie der über-
einstimmenden lokalen Richtung an der Vereinigungsstelle.[1]) Es handelt sich hier um eine Erscheinung,
welche bei unendlich vielen Objekten ausserordentlich
labil ist. Man denke nur an die Wirkungen, welche
immer wieder erneute Bildung und Vernichtung von
Serpentinen und stromauf resp. stromab verlegte

---

[1]) Diesem Faktor schreibt Bates (Der Naturforscher am
Amazonenstrom. Leipzig 1866. p. 181) es zu, dass die „früheren
Erforscher des Landes auf den Gedanken kamen, dem oberhalb
der Mündung des Rio Negro gelegenen Teile des Amazonenstromes
einen besonderen Namen zu geben“. Vergl. H. M. and P. V. N.
Myers, Life and nature under the tropics. New York 1871. p. 306.

Mündungen von Seitenflüssen[1]) auf dieses rein örtliche
Merkmal zu üben im stande sind und auch wirklich
ausüben. Dass man trotzdem, und nicht bloss ganz
vereinzelt, sich daran hat klammern können, erscheint
um so verwunderlicher, als ja die Seitenverschiebungen
der Flüsse und ihre Ursachen nicht erst seit Stepha-
novic v. Vilovo,[2]) sondern schon vielfach vorher
behandelt worden sind. Schon Leonardo da Vinci
war hier mit Erfolg thätig.[3])

Die Ursache dafür, dass man so häufig der Richtung bestimmenden Einfluss auf unsere Frage eingeräumt
hat, liegt unseres Erachtens in dem Umstand, dass
man die Wirkung des Stosses der Gewässer des Nebenflusses auf die Richtung des Hauptflusses oft über-
schätzt, die Wirkung der „eigentümlichen Lage der
Hänge und Gegenhänge, die sowohl auf die Richtung
der Nebenflüsse, wie auf diejenige des Hauptflusses
selbst ihren Einfluss ausüben," unterschätzt, ja oft
völlig aus den Augen verloren hat. Wenn wir lesen,
der Fluss A „drängt" den Fluss B in eine östliche
Richtung, er „zwingt" ihn zu derselben, so ist vielfach Vorsicht nötig, weil die Beschreibung mit den
Thatsachen oft in Widerspruch steht, denn auch ohne
den einmündenden Zufluss würde der Hauptfluss vielleicht zu einer Richtungsveränderung sich veranlasst
gesehen haben. Auf die Frage, woher diese Über-

---

[1]) Fergusson, On recent changes in the delta of the Ganges.
Q. J. G. S. London 1863. p. 322—353. Diese Arbeit verdiente
viel mehr gelesen zu werden, als es geschieht. Der Artikel in
Zeitschrift der G. f. Erdkunde. N. F. XVI. Berlin 1864. p. 357
u. folg. vermag in keiner Weise das Original zu ersetzen. Vergl.
noch Cunningham, The ancient geography of India. London 1871.
a. d. versch. Stellen.

[2]) Gäa. XVII. 1881. p. 705 folg. mit manchen hier passenden
Beispielen.

[3]) The literary works etc. London 1883. II. § 1006. Die
andere Litteratur anzuführen ist wohl hier nicht der Ort.

schätzung des einen Momentes und die Unterschätzung des andern rührt, scheint uns die Antwort sich leicht daraus zu ergeben, dass das erstere Moment auch auf Karten kleinern Massstabs materiell ersichtlich, das andere Moment dagegen erst auf solchen weit grössern Massstabs hervortritt.

Wir gehen nun über zu dem andern besonders oft genannten Merkmal, der Farbe. Dieselbe fand bereits einen energischen Gegner in Alfred R. Wallace. Derselbe erklärte, die Farbe habe mit der Frage überhaupt nichts zu thun: „It is evident that if equal quantities of clear and muddy water are mixed together, the result will differ very little from the latter in colour, and if the clear water is considerably more in quantity the resulting mixture will still be muddy. But the difference of colour between the white- and blue-water rivers, is evidently owing to the nature of the country they flow through: a rocky and sandy district will always have clear water rivers; and alluvial or clayey one, will have yellow or olive coloured streams. A river may therefore rise in a rocky district, and after some time flow through an alluvial basin, where the water will of course change its colour, quite independently of any tributaries which may enter it near the junction of the two formations" [1]).

Dem fügen wir noch weiter hinzu, dass eine Vermischung der verschieden gefärbten Wasser zweier sich vereinigender Flüsse durchaus nicht sofort eintritt, sondern dass auf mehr oder weniger weite Strecken hin ein durch eine scharfe Linie getrenntes Nebeneinanderfliessen stattfindet und erst allmählich weiter abwärts eine einheitliche Farbe sich kund giebt [2]).

---

[1]) A narrative of travels on the Amazon and Rio Negro. London. 1853. p. 407.
[2]) von Wiebeking, Von der Natur und den Eigenschaften der Flüsse. Stuttgart 1834. p. 11. Dutzende von Beispielen

Bis zu diesem Punkte hin wäre man nun in Verlegenheit, da beide Flüsse in demselben Bette unvermischt neben einander hinfliessen. Ausserdem bedenke man, dass die Farbe eines Flusses garnichts Stabiles ist, dass dieselbe augenblicklichen und periodischen Veränderungen unterliegt[1]), wechselnd bald von diesem, bald von jenem oberhalb mündenden Fluss bestimmt wird[2]). Sollte man hier vielleicht auch eine mittlere Färbung einführen wollen? Unendlich oft werden ausserdem überhaupt keine derartigen Unterschiede vorhanden sein, das unterscheidende Merkmal wird also fehlen.

Nicht unerwähnt dürfen wir lassen, dass man auch das Alter als entscheidendes Merkmal herangezogen hat. So wies Victor Ragosin neben anderem darauf hin, „dass die Oka bereits in einer Zeit ihren Lauf verfolgte, in der es noch gar keine Wolga gab"[3]). Emil Tietze schrieb in seinem bekannten Artikel über die Bildung von Querthälern: „Poprad und Dunajec entspringen in einem Gebiet, dem die ältesten Gebirgsschollen des karpatischen Systems in jener Gegend angehören, und die Weichsel, welcher sie ihre Wassermassen zuführen, müsste von Rechtswegen ein Nebenfluss des Dunajec bezüglich des Poprad genannt werden, da sie mitten im Karpathensandstein entspringt, sodass ihr Anfang jedenfalls erst aus der Zeit nach

---

liessen sich hier nennen, doch übergehe ich sie, als zu bekannt. Schon Orellana bemerkte: „for more than twenty leagues, the waters of the Rio Negro flowed separately, without mingling with the Amazons river." Bei C. R. Markham, a. a. O. p. 31. Peter. Mitth. 1861. p. 131.

[1]) Penck, Das deutsche Reich. Wien etc. 1887. p. 145. Wallace, a. a. O. p. 407. Carl Sachs, Aus den Llanos etc. p. 286. u. a. B.

[2]) Annales des Ponts et Chaussées. Paris. 1848. 2 sém. p. 18. Die Farbe der untern Garonne wird bald vom Tarn, bald vom Lot, Aveyron oder der obern Garonne bestimmt.

[3]) H. Roskoschny, Die Wolga etc. Leipzig 1887. p. 268.

Erhebung der Flyschzone datiert"[1]). Hier ist auch der Ort J. Beete Jukes zu nennen. Derselbe knüpfte an die bekannte Erscheinung an, dass Längsthäler mittels einer mehr oder weniger scharfen knieförmigen Umbiegung in Querthäler übergehen und dass vielfach an diesem Knie ein von der Hauptwasserscheide kommender Fluss einmündet. Auf Grund der sog. epigenetischen Thalbildungstheorie erklärte er das Querthal für das ältere, das Längsthal für das jüngere und darauf hin jenes für das Hauptthal, dieses für das Nebenthal. Diesen entsprächen Hauptfluss und Nebenfluss. Jukes beanspruchte für diese auf seinem irischen Arbeitsfelde gefundene Vorstellung allgemeine Giltigkeit. So dehnte er sie speziell auf die Alpen aus. Dieselben steigen als völlig ungegliederte Masse (smooth swelling surface — the limit of marine denudation) aus dem Meere hervor: „the lateral valleys are the first formed, running directly from the crests of the ranges down the steep slopes of the mountains, while longitudinal valleys are of subsequent origin." „As these lateral rivers deepen their channels, the waters running into them on either side will also deepen and enlarge theirs; and thus will be commenced a number of valleys running along the strike of the rocks parallel to the length of the chain, and therefore called longitudinal valleys"[2]). „The Brinny receives the Bandon from the west out of the main longitudinal valley as a tributary." Wenden wir uns zu einer kritischen Besprechung des Alters, als eines entscheidenden Merkmals. Wir betrachten dabei folgende einzelne Punkte.

---

[1]) Jahrbuch der K. K. Geologischen Reichsanstalt. Wien 1878. XXVIII. p. 600.

[2]) Q. J. of the G. S. London 1862. p. 401. Leider verschweigt uns Jukes, weshalb nicht eine grössere Anzahl der „lateral rivers" auf direktem Wege das Gebirge verlässt. Besonders fällt dieses beim R. Lee auf. Für das Salzachgebiet könnte man den Fuscherbach nennen.

Nur wenn die genetische Erklärung von Jukes richtig, ist auch seine Bezeichnung des Querflusses als des ältern, des Längsflusses als des jüngern richtig, da ja diese auf jener ruht. Wegen der ausserordentlich allgemeinen Erscheinung gehen wir hierauf besonders ein. Möglicherweise ist seine Erklärung richtig. Aber es existieren auch noch andere Erklärungen mit demselben Anspruch. So erklärt Lasaulx in seinen Reiseskizzen aus Irland „das Durchbruchsthal des Blackwater und seine Laufveränderung durch eine, zur Strichrichtung senkrechte Verwerfung eines Gebirgsteiles". [1]

Besonders aber berücksichtigen wir hier, da Jukes ja seine Theorie auf die Alpen im allgemeinen anwendet, das Thal der Salzach, auf Grund der Regressions-Theorie Löwl's [2]). Nach Löwl nun floss die Salzach bis zur Tertiärzeit in einem höhern als dem gegenwärtigen Niveau aus dem Pinzgau durch den Pongau und das Gebiet von Wagrein ins obere Ennsthal und strömte durch die breite Rottenmanner Längsfurche über den niedrigen Sattel von Wald dem Murgebiete zu. Dieser mächtige Tauernfluss wurde zerstückelt und als Salzach und Enns gegen Norden dadurch abgelenkt, dass der vormals geschlossene Wall der Kalkalpen von aussen her durch Erosionsthäler zerschnitten wurde, welche immer tiefer in das Innere des Gebirges eingriffen, das grosse Längsthal erreichten und seinen Fluss nach Norden abzogen. Der Längsfluss wird hier also, nach Löwl, von Norden her von der Salzach angezapft und in seinem Gefolge eilt der Gr. Arl-Bach aus dem Gebirge hinaus; nach der Theorie Juke's jedoch folgt der Längsfluss dem Querfluss. Bis die theoretische Erklärung nicht definitiv gegeben ist, werden wir also, wenn überhaupt, keine Be-

---

[1]) Supan, Grundzüge etc. p. 310. Leider waren mir die Reiseskizzen von Lasaulx trotz vielfacher Mühe nicht erreichbar.
[2]) Löwl, Über Thalbildung. Prag 1884. p. 100. folg.

gründung von Hauptfluss und Nebenfluss hierauf unternehmen dürfen. Zweitens machen wir geltend, dass es sich ja garnicht, wie Jukes anzunehmen scheint, nur um zwei Konkurrenten handelt, sondern um eine viel grössere Anzahl. Wenn von diesen einer oder mehrere dasselbe Alter haben, wie der Gr. Arlbach, oder der Brinny, was der Fall ist, so sieht man keinen Grund mehr, diese gerade als die betreffenden Hauptflüsse zu bezeichnen. Auch in dem Beispiel Tietzes ergiebt sich, dass die Weichsel ein „Nebenfluss des Dunajec bezüglich des Poprad" sei. Wer aber nun wirklich der Hauptfluss, Dunajec oder Poprad, erfahren wir nicht, das Merkmal verliert hier seine unterscheidende Kraft.

Drittens citieren wir gegen das Alter als entscheidendes Merkmal die auch sonst gemachte treffende Bemerkung bei v. Richthofen: „Die grossen Ströme, welche die Gewässer aus dem Innern der Kontinente nach dem Meere tragen, haben ihre Wurzeln in verschiedenen Gebirgen, deren jedes eine besondere Entwickelungsgeschichte seines Abflusssystems gehabt hat, und der grosse Sammelstrom, der in der Regel Schritt für Schritt dem sich zurückziehenden Meere gefolgt ist, ist ein jüngeres Gebilde, als die von ihm aufgenommenen Teilströme. [1]

Schliesslich wenden wir ein, dass viele Flüsse, sowohl Haupt- als Nebenflüsse, aus ganz verschieden alten Strecken zusammengesetzt sind, die, einer Perlenschnur vergleichbar, durch den gegenwärtigen Fluss zu einer Einheit verbunden sind. [2]

---

[1] Führer für Forschungsreisende. Berlin 1886. p. 190.
[2] Supan, Studien über die Thalbildungen etc. Mitteil. K. K. Geogr. Gesellsch. Wien 1877. p. 315. 367. 375. Vergl. F. Hoffmann, Physikalische Geographie. Berlin 1837. p. 392. Wenn wir oben Fluss und Thal ohne weiteres identifizierten, so ist dieser wissenschaftliche Fehler für unsern Gegenstand ohne Bedeutung.

III.

Es möchte nun endlich wohl an der Zeit sein, unsere Auffassung des Gegenstandes mitzuteilen. Es handelte sich also für die genannten Forscher immer nur darum, einen Flusslauf als den Hauptfluss einem andern als dem Nebenflusse gegenüberzustellen auf Grund der genannten Kriterien, welche gewonnen wurden „au point de bifurcation", „at the point of junction", „an der Vereinigungsstelle". Unseres Erachtens jedoch ist das Ziel der Aufgabe eine begriffliche Nachbildung von Hauptfluss und Nebenfluss, sie verlangt von uns die jeden dieser beiden Begriffe konstituierenden Elemente zu erfassen, beide in ihrem verschiedenen Wesen zu erkennen, beide als zweierlei Arten mit ihren charakteristischen, d. h. die Art zeichnenden Eigenschaften einander gegenüberzustellen. Nicht bloss der Tapajos ist Nebenfluss des Amazonas, sondern auch Xingu, Madeira, Purus, Rio Negro etc. sind seine Nebenflüsse. Es handelt sich also in jedem Einzelfalle um eine Gesamtheit von Flussläufen als den Nebenflüssen einem Flusslaufe gegenüber als dem Hauptflusse. Die Position der genannten Autoren erscheint sonach nicht als die richtige, sie sind „an der Vereinigungsstelle" garnicht im stande, die Aufgabe, wie sie von uns gestellt wurde, und wie wir sie für die allein berechtigte halten, zu lösen. Ausserdem möchte es wohl nicht immer ganz leicht sein, an die Vereinigungsstelle zu gelangen, um von hier einen Rundblick zu nehmen. Wenigstens gelang das nicht der spanisch-portugiesischen Kommission an der Mündung des Japura in den Amazonas. Jeder der Kommissare sah die Mündung an einem andern Punkte, [1])

---

[1]) Spix u. Martius, Reise in Brasilien. III. München 1831. Anhang p. 20. Vergl. J. R. G. S. London 1858. p. 385.

und nicht nur aus politischer Eifersucht. Denn mit Recht wurde dieses Netz von Wasserarmen, welche nicht nur der Japura dem Amazonas, sondern auch der Amazonas dem Japura zusendet, von Condamine [1] „un vrai phénomène géographique" genannt. Nach James Orton „the extremes of distributing channels are two hundred miles apart". [2]) Sogar die Farbe des Japura-Wassers wird zeitweise vom Amazonas bestimmt. [3]) Aber sehen wir ab von dieser Schwierigkeit, da wir in bezug auf sie doch wohl nicht „ignorabimus" sagen können.

Unsere Position muss sich vielmehr über dem Flussgebiet befinden, um eine Anschauung der Gesamtverhältnisse desselben zu erhalten; die Weite unseres Horizontes ist dabei jedesmal genau zu bestimmen; eine zu grosse Enge desselben kann sehr nachteilig wirken. Man wird verstehen, was ich meine, wenn ich in bezug auf diesen Punkt sage, der Pongo von Manseriche wird das eine Mal den östlichen, das andere Mal den westlichen Horizont bilden, oder wenn ich das Deutsch - Österreichische Alpenvorland als allein in Befracht kommend bezeichne für die Entscheidung der Streitfrage Donau oder Inn. Dabei ist daran festzuhalten, dass die Grundlage der Untersuchung nicht die hydrographische, sondern die orographische Karte zu bilden hat

Es tritt nun an uns die Aufgabe heran zu untersuchen, ob die angeführten Merkmale im stande sind, den Gegensatz zwischen Hauptfluss und Nebenfluss, wie wir ihn soeben aufgestellt, zu zeichnen.

Wir unterziehen zuerst die quantitativen Merkmale der kritischen Betrachtung. Dieses waren: Länge,

---

[1]) Histoire de l'Académie Royale des Sciences. Année 1745. Paris 1749. p. 438. Humboldt (Reise in die Aequinoktialgegenden etc. Hauff. Stuttgart 1860. III. p. 377) sah ebenfalls darin „etwas auffallendes".

[2]) Orton, The Andes and the Amazon. New York 1870. p. 267. 272.

[3]) Spix u. Martius, a. a. O. p. 1199.

Breite, Tiefe, Quellhöhe, Zahl der Nebenflüsse, Grösse des Flussgebiets, Wassermasse. Nun vermag die Quantität nur graduelle Unterschiede, nicht spezifische zu statuieren. Wir suchten aber grade die letztern zu gewinnen, uns erschienen Hauptfluss und Nebenfluss als verschiedene Arten der nämlichen Gattung. Mit Recht werden wir deshalb schnell über diese Merkmale, da sie uns das, was wir verlangen, nicht liefern, zur Tagesordnung übergehen. Auch das Alter möchte als Merkmal hierher gehören.

Was die qualitativen Merkmale betrifft,[1]) so gilt das was Kohl in bezug auf die Einwirkung eines Nebenflusses auf seinen Hauptfluss bemerkte, hier in noch höherem Masse. Die Thatsache, dass die Nebenflüsse dem Hauptflusse bis zu einem gewissen Grade ihren Charakter aufprägen, diesem also die seine Art zeichnenden Eigenschaften soweit nehmen, erscheint uns als ein hinlänglicher Beweis gegen die genannten Eigenschaften als unterscheidende Merkmale. Der Hauptfluss hört nach der Vereinigung auf, in diesen Eigenschaften derselbe zu bleiben, er wird ein zum Teil anderer. „Teils quer, teils in schräger Richtung über das Alpenvorland hinwegströmend, behalten die Alpenflüsse ihren Charakter bei und drücken denselben schliesslich auch der Donau auf, sodass diese, obwohl dem Schwarzwald entspringend, doch das Aussehen eines Alpenstromes erhält, dessen Lauf die Nordgrenze des Einflusses der Alpen auf ihr Vorland und zugleich auch von letzterem selbst bildet."[2]) Wenn also die Donau als der Hauptfluss die Eigenschaften seiner Alpenzuflüsse in Geschwindigkeit, Gerölle, Farbe, Wassermasse etc. annimmt, demnach in bezug auf diese Er-

---

[1]) von denen wir hier ausdrücklich die Richtung ausnehmen. Dass wir hier ausserdem nur mit allgemeinen Eigenschaften rechnen, erscheint selbstverständlich.

[2]) Penck, Das deutsche Reich. Prag 1887. p. 145. Vergl. v. Wiebeking, Von der Natur der Flüsse. Stuttgart 1834. p. 4. 9.

scheinungen ein anderer Strom, ein Alpenstrom wird, wie es seine Nebenflüsse auch sind, sollten dann hier derartige Eigenschaften entscheidend sein?

Es würde sich nun die Frage nach den Merkmalen erheben, welche geeignet wären, jenen Unterschied, wie wir ihn formuliert, deutlich zu machen. Ihre Natur lässt sich erkennen aus folgender Betrachtung. Wenn wir erstens die unendliche Anzahl von Objekten (vom majestätischen Amazonas bis herab zum kleinsten Rinnsal) bedenken, von denen jedem einzigen die seine Art zeichnenden Merkmale als Elemente des dasselbe deckenden Begriffs zukommen müssen, und wenn wir gleichzeitig ihre (der Objekte), ja ihrer einzelnen Teile, unendlich verschiedene (klimatische, orographische, geologische etc.) Situation berücksichtigen, so erkennen wir schon die ausserordentlich allgemeine Natur der Merkmale.

Zweitens erwägen wir die Relativität der beiden Begriffe. Jeder Nebenfluss ist selbst wieder Hauptfluss anderer in ihn mündender Nebenflüsse. So ist z. B. die Moldau im Verhältnis zur Elbe (im gewönlichen Verstande) Nebenfluss, im Verhältnis zur Beraun etc. Hauptfluss.[1] Das Merkmal für beide, Haupt- und Neben fluss muss dieser Relativität Rechnung tragen. Daran ändert nichts der Umstand, dass eine Reihe von Flüssen, schlechthin Hauptflüsse genannt, deren Zahl, wie sich vielleicht aus der weiteren Untersuchung ergeben wird, geringer ist, als man gewöhnlich annimmt, nur in dem Verhältnisse eines Hauptflusses zu Nebenflüssen stehen,

---

[1] „Indem nun auch diese (die Nebenflüsse) andere Flüsse in sich aufnehmen und so wieder besondere Familien, welche gleichsam untergeordnete Gruppen, der grossen und gemeinsamen sind, bilden, sind auch die Nebenflüsse wieder in bezug auf solche untergeordnete Familien Hauptflüsse, und dieses Verhältnis setzt sich durch die vielen anderen einzelnen Glieder des Ganzen in grösserem oder geringerem Umfange weiter fort." Kriegk, Schriften zur allgemeinen Erdkunde. Leipzig 1840. III. p. 162—164.

6*

nicht wieder zusammen mit andern im Verhältnis eines Nebenflusses zu einem anderen Hauptflusse. Ebenso giebt es unendliche Rinnsale, die zu anderen nur im Verhältnisse von Nebenflüssen stehen, nicht selbst wieder Hauptflüsse sind, indem sie keine anderen weiter aufnehmen.

Drittens bedenken wir, was wir mit den Worten Hauptfluss und Nebenfluss überhaupt bezeichnen wollen und auch nur können bezeichnen wollen. Unseres Erachtens soll damit ein gewisses Verhältnis ausgedrückt werden, in welchem beide zu einander stehen. Nun kann aber sicher kein Zweifel über die Natur dieses Verhältnisses obwalten, es kann sich nur um ein geographisches handeln. Ihre gegenseitige Lage, ihr relatives örtliches Vorkommen ist es, was allein in Frage kommt. Die geographische Lage, die Stellung in vertikalem und horizontalem Sinne ist das Hauptfluss und Nebenfluss innerhalb des betreffenden Flussgebiets unterscheidende, das artzeichnende Merkmal.

Dieses Merkmal entspricht allen gestellten Anforderungen: allen Objekten kommt es zu; jeder Flusslauf als Hauptfluss vermag zu andern in ihn mündenden Flussläufen, als seinen Nebenflüssen, durch die, jenem wie diesen zukommende, von einander verschiedene Lage charakterisiert zu werden; jeder dieser Nebenflüsse vermag im Verhältnis zu andern in ihn mündenden Flussläufen auf grund desselben Merkmals, der geographischen Lage, wieder den Charakter eines Hauptflusses anzunehmen; ebenso entspricht dieses Merkmal dem Zweck, den wir mit den beiden Bezeichnungen überhaupt nur verbinden können.[1]

---

[1] Die Lage als Begriffselement entspricht unseres Erachtens auch den methodischen Anforderungen, welche zu stellen sind. Vergl. des Verfassers Abhandlung: Die Klassifikation der Meeresräume. Stettin 1883. p. 21—25. Wir sind uns sehr wohl bewusst, in diesem Punkte mit vielen Fachgenossen nicht übereinzustimmen.

Unsere Auffassung wird vielleicht aus folgender Betrachtung deutlicher werden. Denken wir uns an einer meridional verlaufenden Küste von einer nach Westen hin sich senkenden Ebene her drei Flüsse A, B und C in den Punkten D, E und F mündend. Wir betrachten dieselben auf ihre Eigenschaften hin und finden neben der gemeinsamen Laufrichtung und der gemeinsamen Erosionsbasis, nämlich dem Meeresniveau, gleiche Höhenlage auf Grund der Zugehörigkeit zu derselben Abdachungsfläche, daher ein im allgemeinen gleiches Gefälle, auch gleichartig verteilt, gleiche Wassermassen mit denselben Schwellzeiten, gleichartiges Gerölle, Farbe, Geschmack etc. Wir müssten demnach diese Flüsse als Flüsse derselben Art betrachten und sie also auch mit demselben Namen benennen. Rechtwinklig gegen diese ostwestlich gerichteten Flüsse erhebe sich eine Längsfalte, ohne dass es einem derselben gelänge, sein Bett in dieselbe einzusägen und also seinen nach Westen gerichteten Lauf beizubehalten. Vielmehr werden alle drei gestaut und gezwungen, ihren Lauf in dem neu entstandenen Längsthal fortzusetzen und, sagen wir, nach Süden zu entweichen, nach welcher Richtung bei der Faltung ein gewisses Gefälle entstanden. Es ist selbstverständlich, dass der in der Längsmulde südlich verlaufende Fluss ebenso von Westen Zuflüsse erhält, wie er nach Norden eine der Erstreckung des neu entstandenen Längsthals entsprechende Verlängerung N erfährt. In bezug auf die oben genannten Eigenschaften nun ist der vereinigte Fluss unterhalb D, E und F nicht mehr A, B, C oder N allein, sondern eben jedesmal eine Vereinigung der Eigenschaften beider, schliesslich aller; nur in bezug auf die Lage ist das nicht der Fall. Der Fluss N, welcher an die Stelle des Meeres getreten, behält unterhalb der Vereinigungspunkte D, E, F seine horizontale und vertikale Lage im Verhältnis zu den Flüssen A, B, C

bei; diese aber verändern die ihrige, indem sie diejenige von N annehmen. Letzere sind die Nebenflüsse,
N ist der Hauptfluss!

Wir werden demnach in praxi bei dem einzelnen
Flussgebiet zu untersuchen haben, welcher der Flussläufe sich vor allen andern durch seine horizontale und
vertikale Stellung unterscheidet. Jenen nennen wir den
Hauptfluss, diese, welche in ihrer horizontalen wie vertikalen Lage etwas Gemeinsames jenem gegenüber besitzen, welche also (soweit sie durch den vorher bestimmten Horizont in Frage kommen) 1. durch ihre
Gesamtrichtung[1]) und 2. durch ihre gemeinsame Zugehörigkeit zu derselben Abdachungsfläche sich von
ihrem Hauptflusse unterscheiden, seine rechten und
linken Nebenflüsse, Zuflüsse, oder vielleicht noch besser,
seine Seitenflüsse.

Aus der weiteren Untersuchung wird sich hoffentlich ergeben, dass dieses Verhältnis der Stellung nicht
bloss stattfindet zwischen einem Hauptflusse und den
in ihn mündenden Nebenflüssen, sondern auch statt-
finden kann zwischen ihm und selbständig in das Meer
mündenden Flüssen, wie auch zwischem ihm und weder
ihn noch das Meer erreichenden, weil vorher versiegenden Flüssen. Wir würden demnach zu unterscheiden
haben: Nebenflüsse, welche dem Hauptflusse Wasser
zuführen, sei es perennierend, sei es intermittierend, und
solche Nebenflüsse, welche dem Hauptflusse kein Wasser
zuführen, sei es, weil sie eine eigene Mündung ins
Meer besitzen, sei es, weil sie vorher dauernd versiegen.
Damit beschliessen wir die kritische Betrachtung.
Wir wenden uns nun zu denjenigen Forschern, welche
die Frage mehr in unserm Sinne behandeln, wenn sie
auch ihren Standpunkt nicht scharf und deutlich formuliert haben. Dieselben stellen nämlich wie wir
innerhalb des betreffenden Flussgebiets dem einen

---

[1]) Vergl. p. 73.

Hauptfluss die Gesamtheit der Nebenflüsse gegenüber [1]). In dem Merkmal stimmen sie nur zum Teil mit uns überein; denn nur einige nehmen die Stellung als solches an, und hier wiederum bald die vertikale, bald die horizontale Seite allein, ganz selten beide gleichmässig berücksichtigend. Grösstenteils weichen dieselben aber von uns ab und ziehen andere Merkmale heran. Wir nennen an erster Stelle B u a c h e. Derselbe unterscheidet in seinem berühmten „Essai de géographie physique" [2]) „fleuves" oder „grandes rivières", unseren Hauptflüssen, und „moyennes rivières", unsern Nebenflüssen entsprechend. Das entscheidende Merkmal ist die Lage der Quelle: jene haben dieselbe auf den „grandes chaînes dont les unes ceignent notre globe comme d'occident en orient, et les autres les soutiennent d'un pôle à l'autre", diese, die Nebenflüsse auf den „montagnes de revers, qui sont de moyenne grandeur; elles partent des grandes chaînes et dirigent leur cours vers la mer entre les fleuves." Bei der Bekanntschaft, welche mit den orographischen Spekulationen von Buache, deren gesunden Kern wir durchaus nicht verkennen, in geographischen Fachkreisen herrscht, haben wir es nicht nötig, das unterscheidende Merkmal Buache's noch des Längern zurückzuweisen.

Ebenso steht es mit B u f f o n. Derselbe lehrt: „Es lässt sich daher von den Flüssen in Europa, Asien und Afrika behaupten, dass sie mehr von Osten nach Westen, als von Norden nach Süden fliessen, weil die Kettengebirge dieser Weltteile grösstenteils eben diese Richtung haben." „In dem mittäglichen Teil von Amerika, wo sich nur eine von Norden nach Süden streichende Hauptkette von Gebirgen befindet, müssen

---

[1]) Dass auch die Vertreter der Länge oder der Quellhöhe oder der Wassermasse etc. als des entscheidenden Merkmals hieran bewusst gedacht, möchten wir nicht behaupten.

[2]) Histoire de l'Académie Royale des sciences. année 1752. Paris 1756. p. 403.

die Ströme, die von keinem andern Kettengebirge
angehalten werden, nach einer Seite, die mit dem Gebirge senkrecht gehet, das ist von Osten nach Westen,
oder von Westen nach Osten fliessen" [1]). Die Hauptflüsse wären demnach Parallelflüsse, die Nebenflüsse
Meridionalflüsse. Dass Buffon sich in einem Zirkel
bewegt, ist nicht weiter auseinanderzusetzen nötig.
Wir wenden uns nun zu Carl Ritter und ver-
lesen seine Akten. „Jedes Stromsystem hat seine
eigene Wasserscheideumkränzung; man hat sie auch
die Randumfassung seines Gesenkes genannt. Dies
Gesenke, als Einheit gedacht, ist das Strombecken,
das Bassin des Stromgebiets." „Die Hauptrinne des
Gesenkes oder Bassins ist der Strom im engern Sinne;
die Nebenrinnen sind die Zuflüsse, Bäche, Riesel u. s. w.
Die stärksten und grössten Zuflüsse aus dem Quell-
lande kann man Quellströme nennen — zwei beim Nil,
zwei beim Ganges, drei beim Amazonas u. s. w. Alle
zu einem gemeinsamen Tiefstrome vereinigt,
bilden ein Naturganzes. Dies ist das Stromsystem,
welches zugleich das Stromgebiet in sich begreift.
Diese Begriffe korrespondieren." „Das Rinnsal im
Thale ist die Endlinie aller Zuflüsse und die
Mündung zum Meere der Endpunkt, wo alles Fliessen
aufhört. Quelle und Mündung sind Anfang und Ende
des Systems, das zu einer und derselben Fallthätigkeit
gehört, die Stromlinie und der Quellbezirk, Zentrum
und Peripherie des Systems" [2]). „Der Strom ist eine
Einheit; die meisten Ströme haben nur eine Hauptrinne als letztes Ziel ihrer Fallthätigkeit [3]).
„Eine solche Endlinie, als absolut letztes oder tiefstes

---

[1]) Allgemeine Naturgeschichte nach der französischen Aus-
gabe von 1769. I. Berlin 1771. p. 137.

[2]) Allg. Erdkunde. Daniel 1862. p. 162. 163. Allg. Erdk.
Berlin 1817. p. 243. 244. Einleitung etc. 1852. p. 87.

[3]) Allg. Erdk. Dan. p. 186. 187.

Rinnsal, wird Strom in engerer Bedeutung genannt"[1]).
Leider hat Ritter nicht deutlich ausgesprochen, was er
meinte, wenn er als Hauptrinne des Gesenkes den
allen Zuflüssen gemeinsamen Tiefstrom bezeichnete,
wenn er diese Hauptrinne als Endlinie aller Zuflüsse,
als letztes Ziel ihrer Fallthätigkeit hinstellte. Mich
dünkt, Ritter habe das Moment der vertikalen Stellung als das Hauptfluss und Zuflüsse unterscheidende
bezeichnen und denjenigen Flussarm als Hauptfluss
kennzeichnen wollen, welcher innerhalb des ganzen
Flussgebietes durch seine tiefste Lage sich vor den
höher liegenden Zuflüssen unterscheidet. Durch diese
seine tiefste Lage wird der Hauptfluss eben der gemeinsame Tiefstrom, die Endlinie aller Zuflüsse, das
letzte Ziel ihrer Fallthätigkeit.

„Passau liegt auf der Spitze der Einmündung des
Inn. Der Inn ist 890, die Donau 744 F. breit. Seine
Wasser sind klar und rein, die der Donau trübe und
schwer. Es ist wohl nur Zufall, dass der ganze Strom
nicht von dem Inn seinen Namen hat, doch muss der
Inn mit Verlust seines Namens der Normaldirektion
der Donau folgen. Ebenso geht es ihren andern südlichen Zuströmen, die sich fächerartig gegen sie ausbreiten."[2]) „Die Rhône begleitet den nordwestlichen
und westlichen Lauf des Alpengebirges, wie die Donau
den Nordost- und Ostsaum. Nur ist die Thalsenkung
der Rhône gegen Südwest und die der Donau gegen
Südost gekehrt. Überhaupt hat der Lauf beider
Ströme manche Analogie, die auffallender hervortreten
würde, wenn bei Benennung der Rhône und Saône in
gleichem Prinzip verfahren worden wäre, wie bei
Donau und Inn, wenn nämlich auch dort der Hauptstrom den Namen Saône beibehalten hätte. Das
Rhônethal verhält sich nämlich zur Saône, ihrem
rechten französischen Zufluss, gerade so wie das Inn-

[1]) Allg. Erdk. Afrika 1822. p. 77.
[2]) Europa. p. 192.

thal zur Donau." „Die Saône und nicht die Rhône
liegt in der Normaldirektion des grossen Hauptthals
der Rhône, denn verfolgt man die Rhône von der
Mündung an mehr aufwärts, so führt ihre Richtung an
den Südfuss der Vogesen, nicht zu den Alpen. Die
Rhône bei Lyon wendet sich plötzlich und folgt der
Normaldirektion der Saône, wie der Inn der der
Donau."[1] „Das obere Rhônethal zeigt die grösste
Analogie in den Windungen und Direktionen mit den
südlichen Parallelströmen, der Isère und Durance, mit
denen sie zu einer Klasse der Alpenströme gehört,
ebenso wie das Innthal seinen östlichen und west-
lichen Nachbarströmen analog gebildet ist."[2] „Zu
dem Saônethale senken sich vier östliche oder linke
Seitenthäler: der Doubs, die Rhône, die Isère, die
Durance, vier Parallelthäler, die insgesamt gegen den
Westen gesenkt und geöffnet sind."[3] Ritter hebt
demnach hervor: 1. die Analogie in der Bildung des
Rhône- und Donausystems, 2. die Parallelität von
Iller, Lech, Isar, Inn, und von Doubs, Rhône, Isère,
Durance in ihrer Anordnung gegenüber Donau, resp.
Rhône.

Glaubten wir vorher behaupten zu dürfen, Ritter
hätte die vertikale Stellung der einzelnen Flussarme
zu einander innerhalb ein und desselben Flusssystems
als unterscheidendes Merkmal zwischen dem Hauptflusse und seinen Nebenflüssen bezeichnen wollen, so
scheint er jetzt der horizontalen Stellung derselben zu
einander innerhalb des betreffenden Systems dieselbe
Bedeutung zuzuerkennen.

Es ist möglich, dass nicht jedermann mit unserer
Interpretation Ritters einverstanden; vielleicht wären
wir auch selbst nicht zu derselben gelangt, wenn wir
nicht einen Meister als starken Rückhalt und feste

---

[1] Europa. p. 193.
[2] Europa. p. 194. 219.
[3] Europa. p. 208.

Stütze unserer eigenen Auffassung gesucht. Zur Unterstützung derjenigen, welche unserer Interpretation nicht zustimmen, bemerken wir, dass Ritter dieses Prinzip der Stellung in praxi nie anwendet, sondern sich stets auf jene gewöhnlichen Momente stützt. Länge[1]), Wassermasse[2]), Richtung[3]) sind auch ihm beliebte Prinzipien. Ja auch an den citierten Stellen fliessen dieselben mit unter. Nur einmal sind wir bei ihm der horizontalen Stellung wieder begegnet, wenn auch ebenfalls etwas dunkel: „Das gewundene Halyssystem ist in seiner gewundenen wechselnden Konstruktion eine merkwürdige Analogie des Irissystems, nur in viel grösserm Massstabe. Die Analogie geht aus dem gemeinsamen gegen Westen sich gleichartig fortsetzenden und in immer niedrigere Regionen sich hinabsenkenden Stufenlande hervor"[4]). Ritter „erinnert dann an die Analogien, welche das Sangariussystem mit seinen östlichen Nachbarsystemen hinsichtlich der Normaldirektionen seiner obern, mittlern und untern Stufenländer, der Klimatik u. s. w. gemein hat, die sich sogleich bei dem ersten Blick auf der Karte darbieten"[5]). Mit Rücksicht auf diese Analogie, wie wir wohl sagen können, in der horizontalen Anordnung, bezeichnet Ritter im Gegensatz zu unsern Karten den Fluss von Angora als den „naturgemässen" Oberlauf des Sangarius und beginnt mit diesem, nicht mit dem von Süden her mündenden Pessinusarm seine Spezialuntersuchung[6]). Wir werden hier durch Ritter auch vor dem Glauben gewarnt, stets für jedes Flusssystem allein Hauptfluss und

---

[1]) Asien. I. 1832. p. 801. XIV. 1850. p. 195—216.
[2]) Afrika 1822. p. 521. 533. Asien. I. 1832. p. 801. 1113. II. 871. III. 1834. p. 413.
[3]) Asien. III. 1834. p. 438. 509 und sonst noch.
[4]) Asien. XVIII. 1858. p. 244.
[5]) A. a. O. p. 449.
[6]) A. a. O. p. 457—459. 520.

Nebenflüsse bestimmen zu können, wir lernen vielmehr, dass die Bestimmung innerhalb des einen Systems oft Konsequenzen mit sich führt in bezug auf ein anderes Flusssystem. [1) Ritter steht mit dem Prinzip der Stellung [2]) nicht allein; vielmehr ist dasselbe schon vor ihm und nach ihm als Merkmal verwendet worden; dass beide Seiten, die vertikale und die horizontale, gleichmässig herangezogen, ist uns nur in einem Beispiel bekannt geworden, nämlich bei Supan. Derselbe erklärt in dem Rückblick auf die Hydrographie der böhmischen Mulde „den mittlern Wasserstrang als einen einheitlichen Flusslauf, dem die Randgebirge drei Pare von Haupt-

---

[1]) Eine ähnliche methodische Warnung erliess kürzlich Supan in seinen Studien über die Thalbildungen im östlichen Graubünden. Mitt. k. k. geogr. Gesellsch. Wien 1877. p. 295.

[2]) Ob Ritter von Joh. Ludw. Heim angeregt worden, lässt sich vielleicht vermuten, aber kaum erweisen, da Heim in diesen Partien sehr dunkel. Das Heim'sche Werk „Geologischer Versuch über die Bildung der Thäler durch Ströme. Weimar 1791" verdiente mehr bekannt zu sein, als das wohl wirklich der Fall ist. Heim kennt keinen Weg, die Erdoberfläche mit ihren Bergen und Thälern in eine Ebene zu verwandeln, „auf welchem dies füglicher zu erreichen stehen möchte, als unsere Länder noch einmal unter das Meer zu versetzen". Heim warnt vor dem „Missbrauch der Revolutionen". Er ist Evolutionist: „Die Natur wirkt nicht durch Sprünge." „Jeder ihrer Schritte ist vorbereitet." Sie nähert sich ihrem Ziele „durch unmerkliche Fortschritte". Es giebt „in der Natur gar keine scharf bestimmten Grenzen", diese existieren nur „beim Klassifizieren". Er tritt für den „atmosphärischen Ursprung der Thäler" ein. Was den Ursprung der „breiten terrassenförmigen Absätze in den grössern Thälern", „der Einschnitte und Absätze, welche längs den Wänden der Thäler hinlaufen", betrifft, so reicht ihm zur Erklärung desselben der „verminderte Zufluss der Wasser aus der Atmosphäre und die Abnahme derselben überhaupt" nicht hin, „ich wüsste die Ursache in nichts zu finden, ruft er aus, als in dem verschiedenen Stand der Gewässer, wohin die grossen Ströme ihren Ausfluss hatten". Eine weitere historische Beleuchtung ist hier wohl nicht am Platze. Hoff, Hutton-Playfair, Lyell; Albert Heim, Löwl.

zuflüssen in symmetrischer Anordnung zusenden, von denen jeder ein bestimmtes morphologisches Gebiet beherrscht. Im Gegensatz dazu durchschneidet der mediane Flusslauf sämtliche an der Zusammensetzung der Oberfläche Böhmens hauptsächlich beteiligte Formationen". „Dieser mittlere Flusslauf zeigt uns die eine Abdachung des Landes, von Süden nach Norden an, die Hauptzuflüsse die zweite: die von den Rändern gegen die Mitte" [1]).

Wir schliessen zuerst die Vertreter der vertikalen Seite der Stellung an.

Joh. Christ. Gatterer schrieb: „Der Hauptfluss geht immer in einer tiefern Gegend als seine Nebenflüsse." Trotzdem traf er gleich hinterher eine Anordnung der Haupt- und Nebenflüsse in Europa und Asien auf grund einer orographischen Konstruktion à la Buache. Wir deuten dieselbe nur kurz an: „Dieser Regel zufolge laufen alle nördlichen Hauptflüsse nordwestwärts und alle südlichen südostwärts." „Die Nebenflüsse aber haben eine mehr oder weniger senkrechte Neigung gegen ihren Hauptfluss." [2])

Der Hydrograph Otto lehrte: „Denjenigen Fluss, welcher mehrere Flüsse in sein Bett aufnimmt, nennt man den Hauptfluss, alle übrigen aber, die sich mit ihm vereinigen, heissen Nebenflüsse. Der Hauptfluss geht immer in einem tieferen Grunde als seine Nebenflüsse, da diese in ihn einfallen und er ihr Wasser abführen muss." [3]) Aber schon auf der folgenden Seite

---

[1]) Länderkunde von Europa. II. Oesterreich-Ungarn. p. 129. Unsere Interpretation Supans ist vielleicht nicht richtig; man denke an die weiter oben citierten Auslassungen Supans über diesen Gegenstand.

[2]) Abriss der Geographie. Göttingen 1775. p. 75. 77.

[3]) Versuch einer physischen Erdbeschreibung. I. Hydrographie. Berlin 1800. p 141.

wird „der vom Meere am weitesten entfernten Quelle
die Ehre der Namengebung" zugesprochen.

Desmarest: „Les effets de ces affluences gra-
duelles et successives dépendent surtout de la distribution des pentes du terrain qui se réunissent à un
dernier niveau, lequel se rapproche plus au moins de
celui du bassin de la mer. Si l'on parcourt, par
exemple, tous les bassins des principales rivières de
France, l'on y trouvera ccs suites d'affluences distribuées
le long de la tige qui en occupe la partie la plus basse
et la plus encaissée, en sorte que le rang d'affluence
y est determiné par le niveau des bassins partiels dont
les produits peuvent plus facilement se rénnir à cette
tige." „La rivière principale est le rendez-vous de
toutes les rivières secondaires." [1])

Ebenso glauben wir nicht zu irren, wenn wir hier
v. Hoff nennen. Dieser lehrte: „Überall bei den
grössern Flüssen zeigt sich die Erscheinung, dass sie
aus mehreren kleinern Bächen, deren jeder sein eigenes
Stromgerinne hat, durch das Zusammenstossen dieser
Gerinne, gleich den sich erst zu grösseren Ästen und
zuletzt mit dem Stamme vereinigenden Zweigen eines
Baumes, zusammenfliessen in einen Strom, der die
tiefste Stelle seines Gebiets einnimmt, und in dieser
solange fortfliesst, bis er den tiefsten Eindruck des
Erdballs erreicht, in welchen er auslaufen kann" [2]).

In gleichem Sinne spricht sich Friedrich
Hoffmann aus: „Die Oberfläche des ganzen Raumes,
aus welchem ein Strom seine Zuflüsse erhält, erhält
eine gegen seine Hauptrinne mehr oder minder geneigte
Lage, und es entsteht dadurch das Bild eines mehr
oder minder vollkommenen ausgearbeiteten Beckens,

---

[1]) Encyclopédie méthodique. Geographie physique par le
Cit. Desmarest. 1803. p. 182. 1809. III. p. 68.

[2]) Geschichte der durch Überlieferung nachgewiesenen natürlichen Veränderungen der Erdoberfläche. I. Gotha 1822. p. 217.

dessen tiefste Linie am Boden von dem Hauptstrome durchfurcht wird, dessen 'Seitenwände aber von den Nebenflüssen und Bächen, sich immer mehr verteilend, bezogen werden."[1])

In unseren Tagen nannte dann Albert Heim[2]) „das Hauptthal die Erosionsbasis der Nebenthäler." Ebenso sprach Hilber sich in diesem Sinne aus, dass „die Rinnen der Hauptflüsse stets tiefer liegen, als die ihrer Nebenflüsse, sofern die Namengebung den hydrographischen Verhältnissen entspricht."[3])

Auch Dutton äussert sich, wenn wir ihn richtig verstehen, nach dieser Richtung: „Opening laterally into the main chasm are many amphitheaters excavated back into the main platform of the country. At the bottom of each is a stream-bed, over which in some cases a perennial river flows, while in other cases the water runs only during the rains. Like the trunk-river itself, these streams, whether permanent or spasmodic, have cut down their channels to depths varying somewhat among themselves, but generally a little less than the depth of the central chasm. These tributaries often fork, and the forks are quite homologous to the tributaries in the foregoing respect." „It is necessary, however, to keep to the main ravine and avoid its minor tributaries, and there is a criterion by which it may be distinguished. At the confluence of a lateral ravine the grade of the main ravine is always the less of the two"[4]).

---

[1]) Physikalische Geographie. Berlin 1837. p. 541. Dass es sich für Hoffmann auch nur um die Eigennamen handelte, bemerkten wir schon weiter oben; in praxi waren ihm Länge und Wassermasse die entscheidenden Momente.

[2]) Untersuchungen über den Mechanismus der Gebirgsbildung etc. I. Basel 1878. p. 291.

[3]) Asymmetrische Thäler. Peterm. Mitteil. 1886. p. 176.

[4]) Tertiary history of the Grand Cannon District by Clarence E. Dutton. Washington 1882. p. 230. 136.

Ebenso dürfen wir mit Recht nennen Russell
Hinman: „Water, when free to move under gravity,
always flows to the lowest attainable level and by
the steepest path it can find. Therefore, streams
always occupy lines of depression, or valleys. Hence,
streams generally increase in size as they advance in
consequence of the constant addition of water from
the sides of the valley. This valley collects in the
depressions in the valley sides, down which it flows
as minor streams or tributaries to the main stream
in the bottom of the valley", „and so on down to the
smallest streams, whose tributaries are mere threads
of water, hidden, perhaps, under the grass or fallen
leaves" [1]). Hinmann sieht ebenso wie Albert Heim
in dem Hauptthal die Erosionsbasis der Nebenthäler.

Denselben Standpunkt vertraten De La Noe und
De Margerie in ihren „Formes du terrain": „les
cours d'eau ont une pente d'autant plus forte que
leur importance est moindre, le profil du cours d'eau
le moins important se dessinant toujours au dessus de
celui du cours d'eau dont il est l'affluent; d'où il re-
sulte que le profil du cours d'eau le plus considérable
du bassin est de tous celui qui reste partout le plus
voisin de l'horizontale" [2]).

Dann würde hier noch zu nennen sein der Artikel
„Mississippi" in Vivien de Saint-Martin's „nouveau
dictionnaire de géographie universelle" [3]), welcher den
ausgesprochenen Zweck hat, für den genannten Fluss
die Frage nach dem Hauptfluss endlich zu lösen.

---

[1]) Eclectic physical geography by Russell Hinmann. Cincinnati 1888. p. 205. 206.

[2]) Paris. 1888. Texte p. 62. Planches. XVIII. Fig. 51. Man
vergleiche noch The works of John Playfair. vol. I. illustrations
of the Huttonian theory of the earth. Edinburgh 1822. p. 114.
Auch Hutton und Playfair verdienten mehr gelesen zu werden.
Vergl. The Scottish Geographical Magazine. 1889. p. 51.

[3]) Paris 1887. p. 901.

Aus dem langen Artikel ziehen wir folgende Stelle heraus: „Le Mississippi, qu'on pourrait nommer un méridien hydrographique, partage son bassin entre ses deux versants." Der Verfasser hebt deren sehr verschiedene Ausdehnung hervor und fährt fort: „Mais encore plus différents de nature que d'étendue, ces deux versants ne peuvent être mieux caractérisés que par les deux noms, versant européen et versant asiatique; non pas parce que celui de l'Est est du côté de l'Europe et celui de l'Ouest du côté de l'Asie, mais parce que chacun d'eux rappelle les caractères dominants du continent auquel on le compare: dimensions relativement petites et variété infinie sur le versant des Alleghanys; énormes dimensions, phénomènes grandioses et aussi longue monotonie sur le versant des Rocheuses et des Prairies. Entre ses deux versants la vallée du Mississippi est la région où les contrastes viennent se fondre et s'harmoniser; c'est la seule dont le thalweg suive constamment le contour extrême des deux pentes qui viennent s'y rencontrer et qui l'une après l'autre déterminent les directions générales de la descente."
„Aucun autre cours d'eau n'appartient aussi intimement à l'un et à l'autre versant; aucun ne montre aussi evidemment comment ils finissent et s'agencent". Der Verfasser des Artikels sucht auch aus der „importance historique" die Bedeutung des Mississippi als Hauptfluss zu erweisen [1]) und spricht sein Urteil über die Länge als Merkmal in diesem Falle also aus: „il ne semble pas que la question de longueur seule doive prévaloir sur tout un ensemble de conditions etc." Die Länge ist dem Verfasser also durchaus nicht ohne jede Bedeutung.

Vielleicht dachte an das Merkmal der vertikalen Stellung auch Karl Neumann, als er schrieb: „Die grossen Ströme haben sich durch die Humus- und

---

[1]) A. a. O. p. 902.

Thonschichten ein tiefes Bett gegraben; die Zuflüsse
äusserten in Folge dessen ebenfalls das Bestreben,
durch tiefere Aushöhlung ihres Rinnsales ihr Wasser
allmählich zum Niveau des Hauptstromes hinab-
zuleiten" [1]).

Wir wenden uns nun zu jenen, welche in der
horizontalen Stellung ein entscheidendes Merkmal erblicken. Ihre Zahl ist viel geringer, die Sicherheit,
mit der sie hier postiert werden, ist ausserordentlich
schwach; alle bedürfen einer gewissen Interpretation,
um in unserm Sinne gedeutet zu werden.

Hier nenne ich zuerst die Oscher Bauern,
welche auf die analoge horizontale Stellung des Ajew
und Karasjak zum Osch hinwiesen. Dass die Oscher
Bauern ausserdem auch noch den „entferntesten Ursprung" ihres Flusses ins Feld führten, entschuldigen
wir mit der Not ihrer Lage [2]).

Auch scheint Nissen derartiges gedacht zu haben,
wenn er es für möglich hielt, die „Vraita oder noch
eher die Maira als wahren Ausgang des Po anzusehen" [3]).

Vielleicht dürfen wir hier auch Alfred Wallace
citieren, der für den Amazonas auch mit folgendem
Ausspruch eintrat: „On going up the Amazon from
its mouth, it is that branch on which you can keep
longest in the general east and west direction" [4]).
Nach Antonio de Ulloa aber „laufen alle Flüsse
mit fort nach der Richtung, die der vornehmste Arm
nimmt" [5]).

---

[1]) Die Hellenen im Skythenlande. I. Berlin 1855. p. 15.
[2]) Vergl. oben p. 11.
[3]) Italische Landeskunde. I. Berlin 1883. p. 184.
[4]) A narrative of travels on the Amazon etc. London 1853.
p. 405; siehe oben p. 38.
[5]) Physikal. u. histor. Nachrichten vom südl. u. nordöstl.
America. Aus dem Spanischen von Dieze. I. Leipzig 1781.
p. 173. Auch Ulloa wäre bei einer geschichtlichen Darstellung

Wir schliessen das historische Verhör mit Middendorff. Derselbe hat zwar nicht die Stellung als
entscheidendes Merkmal in Betracht gezogen, aber er
hat klar und deutlich eine Gesamtheit von Nebenflüssen, nämlich die drei Tungusken, einem Hauptflusse,
dem Jenissei, gegenübergestellt. Das Merkmal ist das
Naturell: jene Kinder des Gebirges schnell und klar;
dieser gesetzt und trübe [1]). Leider lässt Middendorff
sich im Verlauf seiner Arbeit durch die uns schon
bekannte Beschreibung des Zusammenflusses von
Jenissei und Oberer Tunguska durch Bersilov veranlassen, seine richtige Position über dem gesamten Stromgebiet aufzugeben und dieselbe zu Bersilov „au point
de bifurcation" zu verlegen.

Beim Schluss der Akten können wir nicht das
Geständnis unterdrücken, dass uns selbst für gewisse
Punkte die Zahl der verhörten Zeugen zu reichlich,
für andere dagegen viel zu arm ausgefallen ist. Wir
wenden uns nun zur Erläuterung des Merkmals der
Stellung an der Hand einiger Beispiele.

IV.

Beginnen wir mit dem Nil.

Das ostafrikanische Hochland, im allgemeinen
wahrscheinlich bis in die Nähe des Aequators meridional verlaufend, senkt sich in kurzer Ausbreitung
gegen Westen, wo sich ihm ein glacisartig gestaltetes
Tiefland anlagert, welches ebenfalls westlich resp.
nordwestlich allmählich abfällt bis zu der gleichfalls
meridional verlaufenden Thalsenke, sagen wir, des
Nil. Von dem genannten Hochlande kommen herab

der Thalbildungshypothesen zu berücksichtigen und würde sich
mehrfach als Vorläufer erweisen. Manche Partieen machen den
Eindruck, als seien sie hundert Jahre später geschrieben.

[1]) Reise in den äussersten Norden und Osten Sibiriens etc.
IV. Teil 1. St. Petersburg 1867. p. 85.

7*

drei Flüsse: Sobat, Bahr el Asrak und Atbara.
Dieselben besitzen eine gewisse Parallelität in ihrer
vertikalen wie horizontalen Stellung. Die vertikale
Parallelität besteht in einer im Verhältnisse zu dem
hier zu berücksichtigenden Stück des Nil gleichmässigen
Höhenlage, veranlasst durch die gemeinsame Lage
auf dem genannten Hochlande und dem westlich vor-
gelagerten Glacis. Die horizontale Parallelität besteht
in der allen dreien gemeinsamen nordwestlichen
Richtung[1]. Der Nil dagegen fliesst erstens in dem,
das sich nach Westen hin abdachende Glacis be-
grenzenden Thale und zweitens in meridionaler Richtung. Jene, Sobat, Bahr el Asrak, Atbara, geben an
den betreffenden Vereinigungspunkten ihre bisherige
Stellung auf und nehmen diejenige des Nil in ver-
tikaler wie in horizontaler Hinsicht an. Der Nil dagegen behält die seinige, er bleibt der meridionale
Strom, er bleibt in der Senke, zu welcher jene hin-
streben. Er ist der Hauptfluss[2], jene sind die Nebenflüsse. Bereits 1847 erkannte übrigens Charles T.
Beke, dessen unsere Frage betreffende methodische
Gesichtspunkte wir schon weiter oben kennen lernten,
die vertikalen Stellungsunterschiede zwischen dem Nil
und den genannten drei rechten Nebenflüssen. Derselbe schrieb: „The tributaries of the Nile — join the
main stream, which latter, skirting, as it does the
western flank of the high land, is the sink into which
the Takazie, the Bahr el Asrek, the Godjeb Telfi or
Sobat, the Shoaberri and whatever other rivers there

---

[1] Für die nordwestliche Richtung des Sobat vergl. E. de
Pruyssenaere's Reisen im Gebiet des Weissen und Blauen Nil.
Bearbeitet von K. Zöppritz. Peterm. Mitt. Erg. 50. Gotha 1877 p. 11.

[2] Wenn wir Strabo (C. 768) recht verstanden, so bezeichnete
er die Stellung des meridionalen Laufes innerhalb des ganzen
Systems mit „τὸ σῶμα τοῦ Νείλου."

may be, are received"[1]). Knüpfen wir hieran einige
andere, zum Teil aus der verschiedenen Stellung der
genannten Flüsse sich ergebende Eigenschaften derselben an. Wir erklären dabei nochmals, dass wir
diese nicht als notwendige Elemente der gesuchten
Begriffe betrachten; wir ziehen dieselben vielmehr nur
heran, weil sie uns im Stande zu sein scheinen,
genannte Stellungsunterschiede weiter zu illustrieren.
Wir schliessen uns bei dieser Schilderung eng an
Ernst Marno an, der die chorographischen und klimatischen Eigenschaften der genannten Flüsse [2]) in
ihren Gegensätzen allgemein und anschaulich folgendermassen schildert: „Der Abfall des Nilbeckens wird
der Längsaxe nach, d. h. von der Nähe des Aequators
bis an das Mittelländische Meer, also auf eine sehr
grosse Strecke verteilt, und wird demzufolge ein weit
geringerer sein, als der der Queraxe, in deren östlichen,
kürzeren Hälfte derselbe wieder bedeutender sein wird,
als in der westlichen längeren Hälfte. Alle von Osten
dem Nilsystem zukommenden Flüsse durchlaufen daher
ein langes Berggebiet und kurzes Thalgebiet, in welch'
letzterm sie ihren ursprünglichen Charakter noch erkennen lassen. So der Atbara und Bahr el Asrak mit
ihren Zuflüssen." „Der Sobat besitzt in seinem noch
unbekannten Oberlauf jedenfalls den Charakter eines
Gebirgsflusses, nimmt aber an seinem Unterlaufe, soweit dieser bekannt, den Charakter eines Flusses der
Ebene an"[3]). „Mit raschem Laufe strömen diese noch
durch das Flachland, ihr Thalgebiet, in scharf vor-

---

[1]) J. R. G. S. London 1847. p. 80.
[2]) Vergl oben p. 9.
[3]) „Diese Stromgeschwindigkeit deutet darauf hin, dass der
Sobat unweit oberhalb Nasser schon in das Berggebiet seines
Laufes eintritt und daher von seinem auf 1150 km geschätzten
Laufe nur ein Viertel der Ebene angehört." Josef Chavanne,
Africas Ströme und Flüsse. Wien 1883. p. 64. 70. 74. 75.

gezeichneten und tief eingeschnittenen Betten[1]), deren
steile, stellenweise terrassenförmige, lössähnliche Bildung zeigende Hochufer zur Zeit des niedern Wasser-
standes zu Tage treten; nur im Rinnsal führen sie
dann einen schmalen seichten Wasserlauf und stellenweise trocknen sie ganz aus, bilden nur Tümpel[2]) und
erhalten in dieser Periode keine andere Wasserzufuhr
als durch unterirdische Infiltration zwischen den in
das Flussbett abfallenden und von diesem durch-
schnittenen Schichten[3]). Zur Zeit des Hochwassers
dagegen werden wohl die Flussbetten in ihrer ganzen
Tiefe und Breite mit Wasser gefüllt, ein weiteres
Inundationsgebiet jedoch nur in Ausnahmefällen lokal
und temporär geschaffen."

Auch sonst besitzt der Sobat nach Marno die grösste Ähnlichkeit
mit dem Bahr el Asrak. Detailliertere Auseinandersetzungen über
das Gefälle der betreffenden Flüsse siehe bei Chavanne p. 52. 70. 81.

[1]) Im obern Gebiete „erreichen sie bald die Tiefe der
Quolla". Schweinfurth, Pflanzengeographische Skizze des gesamten Nil-Gebiets. Peterm. Mitt. 1868. p. 161.

[2]) Diese Tümpel „like blotches along the broad surface of
glowing sand" (Baker, The Nile tributaries etc. London 1867.
p. 35), zu welchen die Flüsse des östlichen Nilbeckens in der
Trockenzeit (stellenweise sogar der Bahr el Asrak, vergl. Peterm.
Mitt. 1861. p. 133) versiegen, erinnern an die Charcos der Llanos-
flüsse mit dem unterirdischen Laufe des Wassers durch die Playas.
(Carl Sachs, Aus den Llanos. Leipzig 1879. p. 212 mit Schema.)
Für den Limpopo und Sambesi vergl. hierfür Carl Mauchs Reisen
im Innern von Süd-Africa 1865—1872. Pet. Mitt. Erg. 37.
Gotha 1874. p. 45. 46. Auf das Fortströmen unter dem Sande
machte auch Pruyssenaere aufmerksam. (Peterm. Mitt. Erg. 51.
1877. p. 31.) Die östlichen Zuflüsse sind z. T. eine Art „Korallen-
flüsse". Joh. Gottl. Georgi, Geographisch-physikalische Beschreibung des russischen Reiches. I. Königsberg 1797. p. 252.
Middendorff (Reise in den äussersten Norden u. Osten Sibiriens.
Petersburg 1867. IV. p. 459) behandelt diese Flussteiche, sog.
„Kesselteiche", für den Norden des Alten Kontinents.

[3]) Marno nennt hier besonders den Bahr el Asrak. Baker
(The Nile tributaries of Abyssinia. London 1867. p. 89) nennt in
dieser Hinsicht auch den Atbara.

„Ganz im Gegensatz zu diesen Flüssen des östlichen
Nilsystems erscheint das äquatoriale. Was bei den
Flüssen des ersteren Regel ist, wird an denen des
letztern zur Ausnahme und umgekehrt. Diese besitzen
demnach ein kurzes Berggebiet und langes Thalgebiet,
weit minder ausgesprochene Betten bestimmen ihren
Lauf, keine Hochufer begrenzen denselben und dämmen
die während der Regenperiode abströmenden Wasser
ein. Die Ufer, wo von solchen überhaupt noch die
Rede sein kann, verflachen sich in das ebene Land,
welches mit ihnen fast dasselbe Niveau zeigt, sodass
über den mittlern Wasserstand zum Vorschein kommende
Ufer zu den Seltenheiten gehören. Hierdurch wird
ein mehr oder weniger ausgedehntes beständiges
Inundationsgebiet geschaffen, welches so die günstigsten
Verhältnisse darbietet, um die aus dem Berggebiete
herbeigeführten Sedimente abzulagern, wodurch Veränderungen der Richtung des Flusslaufes, Erhöhung
der Flussbetten, Verminderung des Gefälles, sowie
Nivellierung des ganzen Gebietes verursacht wird."

„Zu diesen für die Entwässerung des Gebietes so
ungünstigen Verhältnissen des äquatorialen Flusssystems kommt die vom Zenithstande der Sonne ab-
hängige Regenperiode. Während dieser soll ein grosses
Wasserquantum in kürzester Zeit abgeleitet, die
Erosionsprodukte in grosser Menge dislociert und
wieder abgelagert werden. Während die Flüsse des
östlichen Nilsystems mit ihren tief eingeschnittenen
Betten und bedeutendem Gefälle dieser Aufgabe vollkommen entsprechen und dadurch hauptsächlich im
Unterlaufe und den Mündungen des Stroms in das
Meer das so charakteristische und wichtige jährliche
Steigen verursachen, ist das äquatoriale Flusssystem
aus den oben angeführten Gründen weit weniger dazu
im Stande. Die Wassermengen werden also hier die
wenig begrenzten Flussbetten und die tiefsten Stellen

des Landes bald erfüllen, übersteigen, sich in dem
ebenen Gebiete ausbreiten und somit noch weiter dazu
beitragen, die erwähnten, diesem Flusssysteme charakteristischen Eigentümlichkeiten in erhöhtem Grade zur
Geltung zu bringen" [1]).

Als chorographische und klimatische Eigenschaften,
welche sowohl Sobat wie Bahr el Asrak als auch
Atbara gleichmässig zukommen, ergeben sich somit:

1) langes Berggebiet, kurzes Thalgebiet.
2) stärkeres Gefälle.
3) grössere Wassergeschwindigkeit.
4) scharf und tief eingeschnittene Betten.
5) bedeutende Wassermengenamplituden zwischen
   der Regenzeit und der Trockenzeit [2]).
6) nur lokale und temporäre Überschwemmung
   (während der Regenzeit).
7) grössere mitgeführte Quantität von Sedimenten.
8) rotbraune Färbung bei Hochwasser.

Das Gegenteil ist im allgemeinen der Fall mit dem
Bahr el Abiad, sagen wir dem Nil [3]). Derselbe nimmt

---

[1]) Ernst Marno, Die Sumpfregion des äquatorialen Nilsystems etc. Peterm. Mitt. 1881. p. 411 u. folg. Man vergleiche
die zusammenfassenden Beschreibungen der östlichen Zuflüsse bei
dem schon mehrfach genannten Beke. (Journal of the R. Geographical Society of London. 1847. p. 78—81.) Siehe auch:
Baker, Der Albert Nyanza etc. Aus dem Englischen von Martin.
Jena 1867. p. 17—20.

[2]) veranlasst durch ihre einseitige astronomische Stellung.
vergl. Ritter, Europa 1863. p. 40.

[3]) Der Gegensatz, welchen Baker (The Nile tributaries of
Abyssinia. London 1867) immer wieder zwischen dem aequato-
rialen und den östlichen Nilflüssen hervorhebt: „the equatorial
lakes feed Egypt, but the Abyssinian rivers cause the inundation"
ist bereits von Bruce deutlich hervorgehoben worden: „All the
rivers in these countries fail when the sun goes south of the
line, however abundant and full they were before; and were it not
for the Abiad, which rises near the line and whose inundation is
perpetual, from its enjoying [the rains of both rainy seasons, the

aber unterhalb der betreffenden Vereinigungspunkte gewisse der genannten Eigenschaften seiner Zuflüsse an [1]).

Wenden wir uns zum Jenissei.

Der westlich des Flussgebiets der Lena gelegene Teil des ostsibirischen Gebirgslandes senkt sich nach Norden und Westen. Mit dem im allgemeinen von Krassnojarsk über Jenisseisk und Turuchansk hinaus meridional verlaufenden Thale findet diese westliche Abdachung ihr ganz entschiedenes Ende. Selbst in den obersten Partieen finden wir hier nur geringe Höhen, so bei Krassnojarsk 138 m, bei Jenisseisk nur 52 m [2]). Jenseit desselben setzt sie sich durch-

---

Nile itself would be eight months in the year dry, and at no time arrive across the desert in so much fullness as to answer any purposes of agriculture in Egypt."

[1]) So wachsen seine Wassermengenamplituden unter dem Einfluss der östlichen Zuflüsse. Dieser Umstand veranlasste bereits Isaak Vossius, De Nili et aliorum fluminum origine. Hagae Comitis. 1666. p. 25, zu schreiben: „Sed vero cum Nilus statim post solstitium aestivum intumescere incipiat, nunquam vero hieme, manifestum est ejus fontes subesse signis septentrionalibus etc." Vossius erkannte wohl am frühesten die ausserordentliche Bedeutung der astronomischen Stellung der Flüsse für ihr Wasserregime. Die Bedeutung der Stellung ist immer eingehender beachtet worden, so durch Humboldt, Voyages aux régions équinoxiales. II. 1819. p. 658—662. Tuckey, Narrative of an expedition to explore the river Zaire in 1816. London 1818. introd. p. 16—18. Spix u. Martius, Reisen in Brasilien III. München 1831. p. 1358. Kriegk, Schriften zur allgemeinen Erdkunde. Leipzig 1840. p. 198. Middendorff, Reise in den äussersten Norden und Osten Sibiriens I. Petersburg 1867. p. 241. 474. Sonklar, Von den Überschwemmungen. Wien 1883. p. 39. 41 und sonst. Unsere Lehrbücher gehen auf diesen Gegenstand meines Erachtens zu wenig ein.

[2]) Sibirien, geogr., ethnogr. etc. von N. Jadrinzew. Deutsch von Petri. Jena 1886. Kap. XII. p. 520. vergl. Peterm. Mitt. 1886. p. 88.

aus nicht in die westsibirische Ebene weiter fort[1]),
sondern findet vielmehr hier ihre Grenze in südnördlich
verlaufenden Höhenzügen, welche das genannte Thal
westlich begleiten. Von den beiden schiefen Ebenen,
welche zu dieser Senke hin abfallen, ist die östliche
die längere, die westliche die bei weitem kürzere.
Es geht aus diesen orographischen Verhältnissen
sofort hervor, welches die hydrographische Anordnung
dieses Gebietes sein wird. Im Osten längere Flüsse,
welche nördlich und westlich, im Westen kürzere
Flüsse, welche östlich zu dieser Senke hineilen, in der
Senke selbst ein nördlich verlaufender Fluss. Obere,
Mittlere und Untere Tunguska haben miteinander
dieselbe horizontale wie vertikale Stellung gemeinsam
gegenüber dem Jenissei, welcher durch seine Tiefenlage, wie durch seine meridionale Richtung sich
von ihnen unterscheidet. Die Tungusken geben an
den betreffenden Vereinigungspunkten ihre bisherige
Stellung auf und nehmen diejenige des Jenissei an.
Sie sind die Nebenflüsse, er ist der Hauptfluss!

Auch hier entsprechen den vorgeführten Gegensätzen der Stellung gewisse einander entgegengesetzte
Eigenschaften. Middendorff, dessen diesbezügliche
Anschauungen wir schon weiter oben kurz andeuteten,
hob dieselben folgendermassen hervor: „Von da abwärts, wo der Strom durch seinen Zusammenfluss mit
der Obern Tunguska zum eigentlichen Jenissei wird,

---

[1]) Dass der Jenissei das ostsibirische Gebirgsland von der
westsibirischen Tiefebene trenne, ist zuerst von Gmelin und dem
ihm nachschreibenden Fischer behauptet worden. Aber schon
Georgi (Geographisch-physikalische Beschreibung des Russischen
Reiches. I. Königsberg 1797. p. 349) schrieb: „Zwischen dem
Ob und Jenissei streicht ein Landrücken dem letzteren ziemlich
parallel und meistens nahe; ein ähnlicher zwischen dem Jenissei
und der Lena streicht der Lena näher, daher der Jenissei an der
linken nur kurze, an der rechten aber grössere und längere Flüsse
erhält." Worauf diese Darstellung ruht, ist leicht ersichtlich.

kennzeichnet er sich durch mässiges Gefälle, in lehmig
sandigem Boden. Jede ungewöhnliche Aufregung trübt
sein Wasser. Auffallend schwach gekrümmt fliesst er
gesetzten Charakters unbeirrt seinem Ziele stracks entgegen. Völlig verschieden verhält sich dagegen das
Naturell seiner bedeutenden Zuflüsse von rechts her,
der beiden grössern Tungusken. In entschieden paral-
lelem Verlaufe nehmen sie ihr drittes unbedeutendes
Geschwister, die Felsen-Tunguska (Podkamennaja), als
Lückenbüsser zwischen sich. Alle drei sind Kinder
der Gebirge, gleich dem Volke, dem sie ihren Namen
entlehnt haben. Ihr sogar in der Gesamtrichtung
knieförmig geknickter Lauf zwängt sich in zahllosen
Krümmungen über eine Menge von Stromschnellen
dahin; ihr Wasser ist nichtsdestoweniger klar, oft
wunderbar klar: zumal berufener Massen das der
Obern Tunguska, dort wo sie als Angara über den
Rand des kaum ergründlich tiefen Klärkessels, des
Baikalsees, hinabquillt." „Der Jenisei, an seinem Ursprunge Kem genannt, beginnt schon bei Krasnojarsk
den ruhigen steten Charakter seines Laufes anzunehmen, welcher sich weiter abwärts immer ent-
schiedener ausbildet und das angeborne Ungestüm der
in ihn mündenden Gebirgsströme verschlingt. Ihr
helles Wasser lässt sich noch eine Strecke im Hauptstrome verfolgen, wie z. B. das der Tungusken am
rechten Jenisseiufer stromabwärts, bald aber verschwindet es in der allgemeinen Trübung, die das
weichlichere Hauptbett mit sich führt"[1]. „Schon an
der Zusammenmündung der Obern Tunguska mit dem
Jenissei lagern sich im Bereiche des letztgenannten
Flusses Inseln ab; eben weil er schon vor dem Zu-
sammentritte trübende Schwemmmassen mit sich führt,

---

[1] Reise in den äussersten Norden und Osten Sibiriens. IV,
Tl. 1. St. Petersburg 1867. p. 85.

und die mässigere Schnelligkeit seines Laufs die Ab-
lagerung dieser Massen gestattet." „Es bleibt wahr,
was ich von der ganz andern Natur des ruhigen
Jenissei gegenüber der ausgesprochenen Gebirgsnatur
der Obern Tunguska gesagt habe" [1]). Diesem fügen
wir noch hinzu, dass der Jenissei bereits „von Krassnojarsk an einen ruhigen Lauf gewinnt und die Klarheit
des Gebirgsstromes bereits eingebüsst hat" [2]).

Middendorff hebt demnach für die Tungusken
folgende Eigenschaften hervor: Gebirgsflüsse, stärkeres
Gefälle, zahlreiche Stromschnellen, grössere Wassergeschwindigkeit, klares, helles Wassor; die entgegengesetzten Eigenschaften besitzt der Jenissei: Fluss der
Tiefebene, geringeres Gefälle, mässigere Schnelligkeit,
trübes Wasser. Da es sich selbstverständlich nur um
die allgemeinen Charaktereigentümlichkeiten handelt,
so erwähnen wir nicht weiter, „dass die unruhigen
Elemente, welche er in sich aufnahm, an einer einzigen
Stelle aus dem ehrbaren Jenissei aufrührerisch hervor-
gucken" [3]). Ausserdem liesse sich noch als eine den
Tungusken gleichmässig zukommende Eigentümlichkeit
erwähnen die Gestaltung des Flussbetts: „Vom 60. Grad
abwärts werden die Felsvorsprünge nach dem Ufer zu
immer häufiger, und von der Mündung der Ilimpeja
an ist das Thal der Untern Tunguska im allgemeinen
enger, die Ränder desselben sind höher und steiler
und die Flussufer felsig. Sümpfe und Seen werden
nun sehr selten und die Wiesengründe immer kleiner.
Die Breite des Flusses ist nicht bedeutend. Bei dem

---

[1]) Nachträge. Middendorff nennt hier nur kurz den einen
Fluss, da es sich bei Bersilov, gegen den dies gerichtet ist, auch
nur um den einen handelt.
   [2]) Sibirien etc. Von N. Jadrinzew. Deutsch von Petri.
Jena 1886. XII. Kap. p. 520.
   [3]) Middendorff, a. a. O. p. 85. 236. Vergl. Sibirien von
Jadrinzew. p. 520.

Dorfe Podwolotschnaja beträgt sie 35 Fuss" [1]. Ebenso
erwähnt auch F. Müller das „enge Flussbett" der
Untern Tunguska [2].

Die Natur der Obern Tunguska in bezug auf
diesen Punkt geht deutlich hervor aus folgender Bemerkung Gmelins: „Sobald wir in dem Jenissei
waren, hatten wir zu beiden Seiten grosse freie Felder,
und es war uns, als wenn wir aus einer finstern Höhle
an das Tageslicht gekommen wären. Wir konnten uns
kaum so plötzlich zu der freien Luft gewöhnen" [3].
Nach diesem Freudenruf Gmelins brauchen wir die
Weite und Offenheit des Thales des Jenissei nicht
weiter zu erwähnen, bemerken nur noch das hohe
rechte und das flache linke Ufer mit wenigen Ausnahmen [4].

[1] Peterm. Mitt. 1877. p. 92.
[2] Unter Tungusen und Jakuten etc. Leipzig 1882. p. 307.
[3] Joh. Georg Gmelins Reise durch Sibirien. III. Göttingen
1752. p. 121.
[4] Bei dieser Gelegenheit möchte es angemessen erscheinen,
einige historische Bemerkungen zu machen. Gewöhnlich wird mit
K. E. v. Baer (Über ein allgemeines Gesetz in der Gestaltung
der Flussbetten. Bulletin de l'Académie Impériale des Sciences
de St. Pétersbourg. II. 1860. p. 1) Pallas als derjenige bezeichnet,
welcher zuerst die Bemerkung machte, dass in der Regel die
Flüsse des Russischen Reiches ein hohes rechtes und ein flaches
linkes Ufer haben. Aber schon früher bemerkte John Bell
(Travels from St. Petersburg in Russia to diverse parts of Asia.
II. Glasgow 1763. p. 394) auf seiner Reise nach Constantinopel
1738: „By what I could observe all the great rivers, from the
Wolga to this place have, for the most part, high lands for their
western banks, and low flat lands to the eastward." Ja 20 Jahre
früher auf einer Reise nach Persien (I. p. 28) notierte er: „We
departed from Samara and rowed down the river, which is here
very broad. The western bank is very high, but the eastern
quite flat."
Bekanntlich hat K. E. v. Baer (ebenda) bereits 1853 in Astrachan einem kleinen Kreise von Freunden seine Überzeugung
mitgeteilt, dass die Rotation der Erde der allgemeine Grund
dieser Erscheinung sei; 1854 ist dies zuerst in seinem amtlichen

Wenden wir uns zum Mississippi.
Das Flussgebiet des Mississippi lässt sich in der
Gestalt zweier schiefer Ebenen darstellen, welche von
ihrer westlichen resp. östlichen Umrandung aus sich
gegen einander hinneigen. Die westliche der beiden
Ebenen, „gewissermassen die Fortsetzung der Hoch-
ebenenbasis der Rocky Mountains" fällt von dem Fusse
derselben langsam nach Osten zu ab. Erst in ihrem

Bericht gedruckt. Baer war Anfangs der Ansicht, dass vor ihm
diese Erklärung noch von keinem gegeben sei. „Er ahnte nicht, dass
diese von ihm neu geschaffene Idee eine ursprünglich sibirische
Ansicht ist, welche Slowzov bei Gelegenheit der Besprechung des
Jenissei auch im Drucke angedeutet hat." (Middendorff, a. a. O.
p. 244.) Die von Middendorff hinzugefügte Anmerkung heisst in
deutscher Übersetzung: „Historische Übersicht Sibiriens. 1844.
II. p. 196: Das rechte Ufer ist immer erhöht, wie bei allen
sibirischen Flüssen, welche mit dem Meridian fliessen; und diese
Erscheinung haben wir lange verstanden als eine Folge der täg-
lichen Rotation des Erdballs." Baer ist im Verlauf seiner dies-
bezüglichen Studien mit dieser Stelle bei Middendorff bekannt
geworden und nennt dieselbe in den Nachträgen (a. a. O. p. 374).
Man muss sich wundern, dass Slowzov in der Litteratur trotz
historischer Behandlung der Frage nicht genannt wird. Vielleicht
hängt dies damit zusammen, dass er von Baer nicht in die
„Studien aus dem Gebiete der Naturwissenschaften" übernommen
worden ist. Ebenso verwunderlich ist es, dass noch heute von
den verschiedensten und bedeutenden Seiten einseitig an der
meridionalen Richtung der Flüsse festgehalten wird; hat doch
schon 1853 „ein Herr in Astrachan, der vielen Eifer hat, die
geistigen Kinder Anderer in die Welt einzuführen", die Erscheinung als unabhängig vom Azimut behandelt (v. Paer, a. a. O. p. 3).
Meines Erachtens nach sind weder unzählige Beispiele rechten
hohen Ufers (auf der nördl. Halbkugel) im Stande, das sog. Baer'-
sche Gesetz zu beweisen, wie ebenso viele Beispiele rechten
niedrigen Ufers, es zu widerlegen. Erst nach eingehendster quali-
tativer wie quantitativer Analyse der die Ufergestaltung jedes
Mal bedingenden Faktoren wird man zu einer endgiltigen Stellungnahme dem Baer'schen Gesetz gegenüber gelangen. Vergl. S.
Nikitin, Die Flussthäler des Mittlern Russlands. (Mémoires de
l'Acad. Imp. des sciences de St. Pétersbourg. VII. série. t.
XXXII. 1884. p. 10.)

östlichen Abschnitte tritt, mehr oder weniger scharf
ausgeprägt, auch die südliche Richtung hinzu. Letzteres
gilt besonders für den nördlich von St. Louis gelegenen
Teil, wo noch jene nordsüdlich ziehenden Landhöhen,
die sog. Coteaux das ihrige dazu beitragen[1]). Die östliche der beiden Ebenen, als „Appalachian plateau,
slopes westward, merging imperceptibly into the Mississippi Valley"[2]). Aus dieser ganz allgemeinen Dar-
legung schon kann es keinem Zweifel weiter unterliegen, dass wir in dem Mississippi den Hauptfluss des
Systems erblicken.

Mit besonderer Berücksichtigung der westlichen der
genannten beiden Ebenen gehen wir noch näher darauf
ein. Die Gleichartigkeit der vertikalen Stellung der
westlichen Zuflüsse gegenüber dem Mississippi tritt sofort
entgegen in der Zugehörigkeit zu derselben Abdachungsfläche, deren östlichen Rand der Mississippi bildet.
Ihre gleichartige horizontale Stellung zeigt sich: 1) in
ihrer Laufparallelität (alle haben östliche Richtung mit
südlicher, bald grösserer bald kleinerer Abweichung);
2) in der einseitigen Anordnung der Zuflüsse (alle
von rechts, keine irgendwie bedeutendere von links);
3) in der allen gemeinsamen grösseren Längen- als
Breitenerstreckung ihres Flussgebiets. Missouri, Arkansas und Red River geben diese ihre vertikale wie
horizontale Stellung schliesslich auf und nehmen diejenige des Mississippi an. Sie sind die Nebenflüsse,
er ist der Hauptfluss! Besagte horizontale wie vertikale Gleichartigkeit gilt nicht nur für Red River, Ar-

[1]) Wenn Charles Ellet (Physical Geography of the Mississippi Valley. I. p. 6. Smithsonian Contributions to knowledge. II.
1851.) das Mississippi-Gebiet als aus drei schiefen Ebenen gebildet darstellt, welche sich in Missouri, Ohio und Unterm Mississippi begegnen, so entspricht das sicherlich nicht den Thatsachen. Das Ohio- wie das Missouri-Thal sind grösstenteils nur
sozusagen lokale Einschnitte in den betr. Hochebenen.
[2]) Hinman, Physical Geography etc. p. 168.

kansas und Missouri, sondern auch für den vom Major
Warren rekonstruierten Minnesota River, welcher den
vom Saskatchewan gespeisten Winnipeg-See einst zum
Mississippi entwässert [1]). Aber gerade deshalb ver-
mag ich nicht mit Major Warren die ehemalige Quelle
des Mississippi am Mount Hooker zu suchen. Meines
Erachtens befand sie sich auch schon zur Zeit jenes
Zustandes, ceteris paribus, an ihrer heutigen Stelle.
Wir unterlassen es, hier noch weitere, allen in gleicher
Weise zukommende Eigenschaften, wie sie bei dem „aus-
geprägten Zug grossartiger Einförmigkeit" des zugehörigen Gebiets vielfach vorhanden sind, anzuführen [2]).
Wir betrachten nun das Gebiet des La Plata.
Die Untersuchung soll sich hier auf folgende
Punkte beziehen: 1. welches ist der Hauptfluss des
genannten Gebiets? und 2. sind dieser und der Uruguay gleichartige Flüsse; d. h. ist der Uruguay ein
Hauptfluss in demselben Sinne wie jener? Das Gebiet des la Plata zerfällt orographisch in zwei Teile,
einen westlichen und einen östlichen. Der westliche,
in seinem nördlichen Abschnitte Gran Chaco, in seinem
südlichen Pampa genannte Teil bildet bei scheinbar
vollkommener Horizontalität [3]) in Wirklichkeit eine
sanft von NW gegen SO geneigte Ebene [4]). Im Osten

[1]) An essay concerning important physical features etc.
Washington 1874. p. 1—22. Warren bemerkt auch schon die
gleichartige horizontale Anordnung: „A reference to the map will
show the harmony there is in the directions of all the rivers as
members of the Mississippi Basin." p. 16.
[2]) Ratzel, Die Vereinigten Staaten etc. I. München 1878. p.
160—190. Hinman, Eclectic physical geography etc. p. 224.
v. Richthofen, Führer für Forschungsreisende etc. p. 155. 448.
Besonders Humphreys und Abbot, Report upon the physics and
hydraulics of the Mississippi etc. Philadelphia 1861. p. 34—65.
[3]) Azara, Reise nach Südamerika. Aus dem Spanischen von
Walkenaer. Aus dem Französischen von Weyland. Berlin 1810. p. 14.
[4]) Burmeister, Die Argentinische Republik. I. Halle 1875.
p. 170. 260. 392 (5).

finden wir dagegen die südlichen Partieen des brasilianischen Tafellandes, welches von seinem atlantischen Rande aus südwärts und westwärts sein Gesamt-Niveau um einige hundert Meter herabsenkt[1]). Den Gegensatz in dem Relief beider Gebiete hebt Keith Johnston folgendermassen hervor: „On the Paraguayan side, the land rises from its east bank steadily towards the interior, gaining an average of about 200 feet in the first 50 miles inland, and an equal amount in the second and third of such distances as the base of the central height is approached. Up to this the land swells in gentle undulations, with open, ill defined valleys: excepting where a few isolated hills are scattered, no prominent ascent is observed. The plateau of Amambay, as the central height is named in the north, has, however, a sharply defined edge to the westward, which is of considerable height, and in some places is almost precipitously steep." „Turning now to the western or Chaco side, the land in contrast to that of the eastern bank appears of a uniformly dead level, without a single rise or landmark along its horizon-line. The view westward — presents always the same flat sea like plain etc."[2]). Beide schiefe Ebenen, die südöstlich, wie auch südwestlich abfallende, erreichen ihr Ende gemeinschaftlich in einer im allgemeinen meridional verlaufenden, sich nach

---

[1]) Physikalische Geographie und Geologie Brasiliens von Prof. Dr. Orville A. Derby. (Mitteilungen der Geographischen Gesellschaft zu Jena. 1886. p. 3).

[2]) Proceedings J. R. G. S. London. XX. 1876 p. 494. „The Alto Parana below the great fall in 24° S. is probably at an elevation of several hundreds of feet above the corresponding point of the Paraguay River in that latitude" etc. vergl. Toeppen, Hundert Tage in Paraguay. Mitteil. der Geograph. Gesellschaft zu Hamburg 1885. p. 107. D'Orbigny, Voyage dans l'Amérique méridionale. t. III. 3e partie. Paris 1842. p. 38: „Comparées au Chaco, les provinces de Corrientes et d'Entre Rios forment un promon-

Süden senkenden Depression. Es ergiebt sich hiernach sofort, welches die Antwort auf die oben gestellte Frage ist. Der Paraguay-Parana unterscheidet sich durch seine vertikale wie horizontale Stellung von seinen rechten Zuflüssen, Pilcomayo, Vermejo, Salado, wie auch von seinen linken, Parana und Uruguay[1]). Dass man immer wieder den Parana als den Hauptfluss angesehen hat, muss um so mehr verwundern, da doch in diesem Falle Pilcomayo, Vermejo und Salado, sofort als drei gleichartige Flüsse erkennbar, Nebenflüsse verschiedener Ordnung werden würden, je nach ihrem direkten oder indirekten Einmünden in den Hauptfluss. Erklärbar scheint diese Thatsache uns nur durch den Umstand, dass man eben nicht spezifische Differenzen suchte, sondern sich mit nur wenigen Ausnahmen um richtige Eigennamen bemühte. Die Laufparallelität vom Parana und Uruguay erleidet schliesslich ein Ende, indem der erstere nach Westen umbiegt. Aber wenn wir ihn mit Azara, Page, Johnston durch die Laguna de Ibera nach Südwest hin abfliessen lassen, wie er es früher gethan und wie man es von ihm wieder erwartet, so ist die Harmonie wieder hergestellt.

Versuchen wir noch die genannten Flüsse auf ihre sonstigen Eigenschaften hin zu betrachten. Mit den westlichen beginnen wir. Allen gemeinsam ist ein gewisser zonaler Wechsel der Wassermasse. Pilcomayo, Vermejo und Salado haben ihre Quellen im feuchten Hochgebirge der Anden, durchziehen aber dann die weiten, mehr

toire, une partie plus élevée — séparée du Chaco par une immense faille" etc. vergl. Burmeister, Die Südamerikanischen Republiken etc. in Peterm. Mitteil. Erg. 39. 1875. p. 8. Schon Azara (Reise nach Südamerika. Berlin 1810. p. 17—20) erkannte den Gegensatz in den Bodenverhältnissen östlich und westlich der Linie Paraguay-Parana, ebenso den klimatischen.

[1]) Die Tiefenlage des Paraguay-Parana tritt deutlich hervor auf der der bekannten Abhandlung John Murray's beigegebenen Karte. (The Scottish Geographical Magazine. IV. 1888. No. 1.)

trocknen argentinischen Flächen [1]). Nebenflüsse werden von ihnen, nachdem sie das Gebirge verlassen, in keinem nennenswerteren Belange aufgenommen [2]). Dadurch schon wird ihre Wassermasse verringert. Hierzu kommt noch, dass sie wegen ihres teilweise sehr geringen Gefälls unendlich viele und zum Teil sehr grosse Krümmungen machen [3]), sich in lokale Bodensenkungen verlieren, sich in zahlreiche Aeste auflösend und sich wieder vereinigend, zahlreiche Sümpfe etc. bilden und somit ihre Verdunstungsfläche noch vergrössern. Geschwächt erreichen sie den Paraguay-Parana. Ausserdem ist ihnen gemeinsam, dass ihr Wasser nur innerhalb der Gebirge und in den diesen zunächst angrenzenden Teilen der Ebene süss ist, weiterhin aber, und zwar oft in sehr hochgradiger Weise, salzig wird [4]). „Die Farbe der Flüsse ist röthlich oder graugelblich, das ins grünliche spielt." Ihre Schiffbarkeit ist im allgemeinen höchst mangelhaft.

Wir wenden uns zu den beiden östlichen Nebenflüssen, Parana und Uruguay, welche sich in ihren gemeinsamen Charaktereigenschaften ausserordentlich unterscheiden von den besprochenen westlichen Nebenflüssen, ein auf dem geologischen, orographischen und klimatischen Gegensatz beider Gebiete beruhender Unterschied.

Wir erwähnten bereits ihre Laufparallelität; wir fügen hinzu, dass ihre zahlreichen Nebenflüsse von links, entsprechend der plastischen Ausgestaltung, eine weit längere Entwickelung zeigen, als diejenigen von rechts her. Beide Ströme, Parana und Uruguay,

---

[1]) Woeikof, Die Klimate der Erde. II. Jena. 1887. p. 64.
[2]) Burmeister, Die Argentinische Republik etc. Peterm. Mitteil. Erg. 75. p. 14. 15.
[3]) Schon Azara (Reise nach Südamerika. Berlin 1810. p. 14) machte hierauf aufmerksam.
[4]) Stelzner, Beiträge zur Geologie Argentiniens. I. Cassel 1885. p. 302. Page, La Plata etc. Newyork 1859. p. 105. 129.

sind in ihrer obern, weit längern Hälfte Plateau-Gewässer, in ihrer untern, viel kürzern Niederungsflüsse. Beide Strecken sind von einander durch Saltos getrennt. Solche Saltos, bald mehr, bald weniger grosse Hindernisse für die Schiffahrt, erfüllen nicht bloss grossenteils das Bett von Parana und Uruguay, sondern auch das ihrer eigenen Zuflüsse, die zu jenen herabstürzen. Beides sind wasserreiche Flüsse. Ihr Bett ist vielfach tief eingeschnitten. Ihre Geschwindigkeit ist gross, die Farbe des Wassers ist bei beiden klar[1]).

Was den Paraguay-Parana betrifft, so ist es selbstverständlich viel schwieriger, für ihn irgend welche Eigenschaften anzugeben, welche ihn von seinen beiderseitigen Nebenflüssen, rechten wie linken, schon wegen ihrer eigenen Differenzen, auffällig unterscheiden. Tritt er doch in Wassermasse, Schwellzeiten, Farbe, Geschmack etc. bei seinem weitern südlichen Verlaufe immer mehr unter den Einfluss dieser, verschiedenen geologischen, orographischen, klimatischen Gebieten angehörenden Nebenflüsse. Nennen liessen sich vielleicht nur seine doch eigentlich durch keine weitern Schwierigkeiten behinderte Wasserbahn weit hinauf bis in Brasilianisches Gebiet hinein, das fast ausschliesslich hohe linke und flache, zum Teil von Seitenarmen und Sümpfen bedeckte rechte Ufer, und dementsprechend der Verlauf der bessern, tiefern Fahrbahn am östlichen Ufer[2]).

Wir fürchten, an einem uns bereits im stillen gemachten Einwurfe vorübergegangen zu sein, wir hätten nämlich den Uruguay als Nebenfluss bezeichnet, und doch münde dieser ebenso selbständig wie der Para-

---

[1]) Weitere Details zu geben ist hier wohl nicht der Ort. Die gegebenen Vergleiche ruhen auf Azara, Burmeister, Keith Johnston, Henry Lange, Niederlein, Beschoren, Toeppen etc.

[2]) Burmeister, Arg. Rep. I. Halle. p. 285. 292. Bei Page, a. a. O. an den verschiedensten Stellen.

— 117 —

guay-Parana in die La Plata-Bucht. Kein Potamo-
geograph von Einsicht aber habe bisher einen selbständig ins Meer mündenden Fluss zum Nebenfluss
degradiert. Man müsse in unserm Falle, also in bezug
auf den Uruguay, ausserdem daran festhalten, dass
durch die Deltabildung des Paraguay-Parana doch nur
eine äussere, eine ganz oberflächliche Verbindung der
beiden Flüsse an ihrer Mündung eingetreten. Man
müsse aufwärts gehen bis Diamantine, wo der „apex
of this delta, because at that point, in ascending, we
find, for the first time, by the approach of the firm,
elevated lands" etc.¹) Wir können letzteres ruhig zugeben und halten doch an der Bezeichnung des Uruguay als eines Nebenflusses fest.

Vielleicht gelingt es uns, diese unsere Auffassung
durch folgende Betrachtung zu erhärten. Denken wir uns
in Folge einer positiven Strandverschiebung die Depression des Paraguay-Parana von dem Meere bis zu
einer gewissen Höhe überflutet, so würden sich in diesen
Meeresraum von Westen her drei Flüsse ergiessen, Pilcomayo, Vermejo und Salado. Dieselben sind wegen
ihrer horizontalen wie vertikalen parallelen Lage und
ihrer sonstigen Analogieen als gleichartige Flüsse zu
bezeichnen; ebenso münden in diesen Meerbusen von
Osten her Parana²) und Uruguay. Auch sie sind
Flüsse ein und derselben Art infolge derselben Parallelität. Wenn wir also vorher, und wir glauben hier
keinen Widerspruch befürchten zu dürfen, den Parana
als Nebenfluss oder Seitenfluss³) bezeichneten, so erscheint es uns zwingend, den Uruguay als Fluss
derselben Art mit derselben spezifischen Bezeichnung

¹) Page, La Plata etc. New York 1859. p. 66.
²) Wir bezeichnen hier immer mit dem Namen Parana den
betreffenden Fluss von der Quelle bis zur Vereinigung mit dem
Paraguay.
³) Auf den Namen soll es uns hier nicht so sehr ankommen.

zu belegen. Wegen seiner noch heute mehr oder
weniger selbständigen Mündung würden wir ihn als
einen selbständigen Nebenfluss des Paraguay-Parana
hinstellen, welcher letztere eben an die Stelle jenes
Meeresgolfes getreten.

Dieselbe Ansicht haben wir inbezug auf den Rio
Dulce oder Saladillo. Er hat dieselbe horizontale und
vertikale Stellung wie Pilcomayo, Vermejo, Salado,
ebenso kommen ihm alle jene Eigenschaften zu, welche
wir bei diesen seinen drei nördlichen Brüdern kennen
gelernt[1]). Bei einem Steigen des Meeresspiegels bis
zur Höhe der Laguna de los Porongos würde die gleichartige Natur der vier Flüsse noch mehr ins Auge
fallen. So gehört der Saladillo zur Klasse der versiegenden Nebenflüsse.

Wir versuchen in folgendem die genannten beiden
Klassen der Nebenflüsse, der durch eine eigne Mündung ins Meer selbständigen und der weder Hauptfluss
noch Meer erreichenden, der versiegenden Nebenflüsse
weiter durch Beispiele zu erläutern. Beide Klassen
haben gemeinsam, dass sie dem Hauptflusse kein
Wasser zuführen.

Schon oben nannten wir den Tocantins als einen
Fluss, dessen Natur streitig ist. Bald wurde er zu einem
Nebenfluss des Amazonas gemacht, bald diesem gleich-
gestellt und beide als Zwillingsströme bezeichnet[2]).
Wenn wir nicht irren, trat diese Frage hervor, seitdem
v. Spix und v. Martius die Insel Marajo als Delta
nicht anerkannt, was dann später immer wieder sich
bestätigte. Je nachdem man den Rio de Para als
Mündungsarm des Amazonas annahm oder zurückwies,
je nachdem also der Tocantins selbständig oder erst

---

[1]) Burmeister, Die Argentin. Republik. Halle 1875. p. 274.
275. 303. Stelzner, Beiträge zur Geologie Argentiniens I. Cassel
1885. p. 302.

[2]) v. Sonklar, Allgemeine Orographie. Wien 1873. p. 148.

vermittels des Amazonas in das Meer mündete, entschied man [1]). Unseres Erachtens handelt es sich hierum garnicht, soudern vielmehr um die horizontale und vertikale Stellung des Tocantins im Verhältnis zu derjenigen der andern südlichen Nebenflüsse. Doch wird es, bevor wir zu dieser Untersuchung schreiten, nötig sein, den Hauptfluss des fraglichen Systems, wie seine Nebenflüsse überhaupt erst kennen zu lernen. Dass es der in dem Pongo v. Manseriche die Andes verlassende Amazonas ist, den wir als den Hauptfluss des Systems nur anzuerkennen vermögen, wird nicht weiter verwundern. Ist er doch der gegemeinsame Tiefstrom, dessen vertikale wie horizontale Stellung alle nach einander annehmen [2]). Die horizontale Parallelität der Zuflüsse tritt in der südöstlichen resp. ostsüdöstlichen Richtung auf der nördlichen Seite des Amazonas besonders deutlich hervor. Wir halten damit diese Frage für erledigt, in der unseres Wissens übrigens eine grössere Verschiedenheit in der Bezeichnung des Hauptflusses geherrscht hat, als bei irgend einem andern Stromsystem. Sogar Rio Negro und Madeira [3]) mussten heran!

Wenden wir uns jedoch wieder dem Tocantins zu. Das Brasilianische Tafelland, dessen südlichen

---

[1]) Spix und Martins, Reise in Brasilien III. München 1831. p. 986. 995. 996. Bates, Der Naturforscher am Amazonenstrom. Leipzig 1866. p. 2. 120. Louis Agassiz, A journey in Brazil. Boston 1868. p. 408 und folg. Alfred R. Wallace, A narrative of travels on the Amazon and Rio Negro. London 1853 p. 405. 414. James Orton, The Andes and the Amazon. New-York 1870. p. 271.

[2]) Orton a. a. O. p. 280: „These barometrical measurements represent the basin of the Amazon as a shallow trough lying parallel to the equator, the southern side having double the inclination of the northern and the whole gently sloping eastward. Farther more, the channel of the great river is not in the centre of the basin, but lies to the north of it. etc.“

[3]) Journal of the Amer. Geogr. Society. Newyork. III. 1873. p. 357.

Teil wir bereits erwähnten, senkt sich in einer mittleren Höhe von circa 400 m[1]) nach Norden hin, wo es in einer nordöstlich gerichteten Linie derart zum Amazonas-Becken abfällt, dass es am Madeira bis zum 8°, am Xingu dagegen bis zum 2°, am Tocantins bis gegen den 4°[2]) reicht. Ihre Stellung erfassten schon v. Spix und v. Martius richtig, wenn sie schreiben: „Der südliche Teil des gesamten Stromgebietes erscheint zusammengesetzt aus den parallel mit einander von Süden nach Norden gegen den tiefsten Hauptrecipienten hinlaufenden Strombecken des Madeira, Tapajoz, Xingu, Tocantins"[3]). Auch in ihren sonstigen Eigenschaften haben diese Flüsse gewisse Homologieen, um den terminus von Agassiz zu gebrauchen. So bestehen sie alle aus zwei verschiedenen Teilen, einem südlichen, weit längern, dem Plateaulauf mit zahlreichen Wasserfällen und Stromschnellen, besonders im obern und untern Abschnitt, und einem nördlichen, kürzern, dem Niederungslaufe. Dass der Amazonas nur Niederungsfluss ist, braucht nicht weiter erwähnt zu werden, ebenso, dass in den Gefällsverhältnissen jene vier gemeinsam diesem gegenüberstehen. Madeira, Tapajoz, Xingu und Tocantins haben eine einseitige klimatische Stellung und demzufolge grössere Wasserstandsamplituden, der Amazonas als ein Fluss von doppelter klimatischer Stellung geringere Amplituden.

---

[1]) v. d. Steinen, Durch Central-Brasilien. Leipzig 1886. p. 135.

[2]) Bates, Der Naturforscher etc. Leipzig 1866 a. v. O. Am Purus könnte man vielleicht gestützt auf Chandless und Urbano (J. R. G. S. London. XXXVI p. 88 folg. p. 119 folg.) und auf Spix u. Martius (a. a. O. p. 1174. 1334. 1346.) das Tafelland bis circa zum 10° reichen lassen. Hier finden wir zahlreiche Wasserfälle.

[3]) A. a. O. p. 1346. Auch Rob. Avé Lallement (Reise durch Nordbrasilien 1859. Leipzig 1860. p. 89) bemerkte dasselbe und fügte hinzu: „bei welcher Vergleichung natürlich kein genau mathematischer Massstab anzulegen ist."

Andere Eigenschaften übergehen wir. Danach erscheint uns der Tocantins als ein den drei andern
gleichartiger Fluss und wir tragen weiter kein Bedenken, ihn einen selbständigen Nebenfluss zu nennen.
Agassiz stellt hier eine mehr genetische Betrachtung
an; der südamerikanische Continent habe nach Nord-
osten hin weiter in den Ocean hinein gereicht. „It
will be seen, that, if my view is correct, the Tocantins
must formerly have borne the same relation to the
Amazons that the Madeira River now does, joining it
just where Marajo divided the main stream, as the
Madeira now joins it at the head of the island of
Tupinambaranas. If in countless centuries to come
the ocean should continue to eat its way into the
valley of the Amazons, once more transforming the
lower part of the basin into a gulf, as it was during
the cretaceous period, the time might arrive when
geographers, finding the Madeira emptying almost
immediately into the sea, would ask themselves whether
it had ever been indeed a branch of the Amazons,
just as they now question whether the Tocantins is a
tributary of the main stream or an independent river" [1]).
Wir können uns dem Gedankengange von Agassiz
nur völlig anschliessen; leider vergass er die Natur
des Verhältnisses (relation) zu bezeichnen, in welchem
die Flüsse stehen.

Mit dem Tocantins zusammen nannten wir Ein-
gangs unserer Arbeit die Etsch und wenden uns
nun diesem Flusse zu. Die Etsch bietet uns das Beispiel eines Flusses, der aus einem selbständigen Nebenfluss zu einem unselbständigen geworden ist, um seine
Selbständigkeit schliesslich wieder zu gewinnen.

---

[1]) Agassiz, A journey in Brazil, Boston 1868. p. 432. cf.
p. 436. Auch J. W. Wells (A sketch of the physical geography
of Brazil. Proceed. R. G. S. London. VIII. 1886. p. 357—359)
stellt dergleichen Betrachtungen an.

Bevor noch der einstige Ober-Italische Meeresgolf
durch die Geröllmassen der alpinen und apenninischen
Flüsse völlig ausgefüllt war, als noch bis Piacenza, oder
noch weiter bis über Pavia hinaus ein Meeresarm sich
hinzog, ergossen sich in diesen von Norden her Tessin,
Adda, Oglio, Mincio, Etsch, Brenta, Piave etc., von
Süden her Trebbia, Reno etc. Zweifellos würden wir
sie damals als Flüsse derselben Art bezeichnet haben,
auf Grund derselben horizontalen und vertikalen
Stellung und auch gewisser Charaktereigenschaften,
welche den nördlichen Flüssen einerseits, wie andererseits den südlichen gemeinsam sind [1]). Durch das
immer fortgesetzte Hineinschieben der Geröllmassen
von Norden, Westen und Süden her, durch das schliesslich
immer weiter östlich stattfindende Zusammenwachsen
der betreffenden Deltas wurde der Golf ausgefüllt; an
seine Stelle trat der Po, dessen Lage eine Funktion seiner Zuflüsse ist [2]). Die Veränderung, welche dadurch mit
den genannten Flüssen vorging, bestand darin, dass ein
Teil derselben seine selbständige Mündung in das
Meer verlor, ein anderer Teil sie beibehielt. Beide
Gruppen behielten ihre artzeichnenden Eigenschaften,
differenzierten sich aber gegen einander durch ihr
direktes resp. indirektes Gelangen zum Meer. Dass
auch die noch selbständigen Flüsse wie Brenta, Piave
etc. dem Po ihren Tribut zollen werden durch weiteres
Hinaus- und Zusammenwachsen der Deltas, ist eben so
wenig zweifelhaft, wie es sicher ist, dass dasselbe
darauf auch den apenninischen Flüssen weiter östlich
und südöstlich passieren wird. Aus selbständigen Nebenflüssen werden sie zu unselbständigen!

---

[1]) Annales des ponts et chaussées. 2e série 1847. 1er
semestre. Paris. Notice sur les rivières de la Lombardie etc.
par M. Baumgarten. (Nach Lombardinis verschiedenen Arbeiten
1840—44.) p. 132 u. folg.

[2]) Vergl. das Querprofil von Zollikofer in E. Reclus, Nouv.
Géogr. Univer. I. 1875. p. 317.

Die Etsch hat unterdessen ihre Selbständigkeit zeitweilig auf anderm Wege wiedergewonnen.
Denselben erklärt James Fergusson folgendermassen: „There is a form which the rivers must
all ultimately assume. It is this: as soon as the
slope of the principal stream has been so reduced
by the elevation or extension of the delta, or other
causes, that it becomes a depositing river, it will
then so raise the level of its plain above the sur-
rounding country that the tributaries cannot flow
directly into it"[1]). Die Wirkung dieser Erscheinung
reicht am Po hinauf bis zum Tessin. „L'Adige après
avoir coulé normalement au Po, finit par lui être parallèle
et a même une embouchure propre dans l'Adriatique"[2]).
Es kann nicht unsere Aufgabe sein, hier noch
eine weitere Anzahl von Beispielen anzuführen, wo
durch Verschmelzung mehrerer Deltas einst selbständig
mündende Nebenflüsse zu unselbständigen geworden
sind[3]). Wir erwähnen hier nur kurz die Durance, von
der es möglich ist, dass sie „à la même époque et
par ses différents bras, à la fois un affluent du Rhône
et un fleuve distinct coulant directement à la mer"[4])
gewesen. Sollte es in jener Zeit nicht richtiger gewesen sein, die Durance einen Seitenfluss des Rhône-
systems zu nennen, der seine Selbständigkeit nur noch
zum Teil bewahre, als von ihr zu behaupten, sie sei
zum Teil Hauptfluss, zum Teil Nebenfluss? Und
wer vermöchte den Red River aus seiner oben gekennzeichneten Parallelität mit Arkansas und Missouri

---

[1]) On recent changes in the Delta of the Ganges. Q. J. G. S.
London 1863. p. 344.
[2]) Annales des Ponts et chaussées etc. 1847. p. 133. Lombardini erklärte die Erscheinung ebenso wie Fergusson.
[3]) Man findet derartige Beispiele bei H. Credner, Die Deltas.
Peter. Mitt. Erg. 56. p. 28.
[4]) E. Reclus, Nouv. géogr. universelle II. p. 230.

herauszureissen und ihn in eine Linie mit dem Mississippi zu stellen, auch wenn der Red River heute noch
durch die Bayous Atchafalaya und Teche selbständig in den Golf v. Mexico ausmündete[1])?
Von Flüssen, welche aus unselbständigen Seitenflüssen zu selbständigen geworden sind, resp. mehrfach
gewechselt haben, nennen wir mit v. Richthofen „in der
grossen Ausdehnung des Gebietes, welches der Unterlauf des Gelben Flusses während seiner periodischen
Änderungen beherrscht hat, eine Anzahl anderer Flüsse,
die sich mit ihm in verschiedenen Zeitaltern vor seiner
Einmündung in das Meer vereinigt haben und welche
wir trotz ihrer gegenwärtigen Selbständigkeit als seine
Tributärströme betrachten. Dies gilt von dem Pai-ho
und der grossen Zahl von Flüssen, welche, vom Tai-
hang-shan herabkommend, ihm zufliessen, und nicht
minder von dem durch sein verzweigtes Netz von
Quellströmen ausgezeichneten Hwai-ho. Jeder von
ihnen hat zur Gestaltung der Oberfläche der grossen
Ebene durch Überschwemmungen und alluviale Absätze
beigetragen. Können wir auch die ihnen zugehörigen
Mündungsgebiete bei dem gegenwärtigen Lauf des
Hwang-ho weniger als je als integrierende Teile von
dessen Stromgebiet betrachten, so erfüllen sie doch,
wenn wir die verschiedenen historischen Phasen in ein
Gesamtbild vereinigen, die Rolle von Dependenzen
desselben, und es hat insofern einige Begründung,
wenn wir den zum nördlichen China gehörigen Teil
der Grossen Ebene in seinem ganzen Umfange als zum
Hwang-ho-System gehörig betrachten"[2]). Wenn wir

---

[1]) Lapparent, Traité de géologie. Paris 1885. p. 231.
[2]) China II. 1882. p. 24. I. 1877. p. 320. Tafel 4. Über
andere Beispiele von selbständig gewordenen Nebenflüssen vergl.
Ramsay, The physical geology and geography of Great Britain.
London 1878. p. 513. 543. Kirchhoff, Länderkunde von Europa.
I. p. 23. Wallace, Island life etc. London 1880. p. 316.

uns auch nicht entschliessen können, hier augenblicklich
von „Tributärströmen" zu sprechen, wegen der mit
dieser Bezeichnung doch schliesslich zu verbindenden
Bedeutung, so erscheinen sie uns mit Recht zum
Hwang-ho-System gezogen zu sein, weil sie innerhalb
des von diesem so zu sagen bestrichenen Gebiets liegen,
und müssen als Neben- oder Seitenflüsse bezeichnet
werden wegen der ihnen gemeinsamen Stellung, welche
letztere ganz besonders deutlich zur Zeit Yü's hervortrat.
Dass Nebenflüsse eine eigene direkte Mündung
ins Meer haben können, ist selbstverständlich schon
früher ausgesprochen. Am deutlichsten wohl von
Kohl[1]). Derselbe konstruiert das „Ideal, die Norm
eines Flusssystems" und versucht die Beantwortung
von drei Fragen: 1) unter welchem Winkel die Nebenflüsse in den Hauptfluss münden, 2) in welchem Verhältnis ihre Längen stehen und 3) wie sich ihre Ent-
fernungen verhalten. „Da die Thäler, antwortet Kohl,
in der Regel so beschaffen sind, dass sie nach oben
hin unter einem immer stärkern Verhältnisse ansteigen,
und dass die beiden Seiten oder Gehänge der Thäler
je weiter nach der Mündung zu desto allmählicher
abfallen, je weiter nach der Quelle hin aber desto
schneller und schroffer sich erheben, so folgt hieraus
zunächst für den Winkel, welchen die Nebenflüsse mit
dem Hauptflusse machen, dass er im Ganzen in den
obern Quellengegenden des Flusses mehr einem rechten
gleich kommt und in den mittlern Gegenden ein spitzer
wird, was je näher der Mündung desto mehr der Fall
ist." „Für die Länge der Nebenflüsse folgt ebenfalls
aus der gewöhnlichen Gestaltung der Thäler, dass sie
im obern Gebiete des Hauptflusses sehr klein sind und
desto grösser werden, je mehr man sich der Thalbasis

---

[1]) Der Verkehr u. die Ansiedelungen der Menschen etc.
Leipzig 1841. p. 472 u. f.

nähert. Da die Thäler in der Regel zum Teil vom
Meere bedeckt und also die Flüsse durch das Meer
unterbrochen sind, so kommt es, dass viele Flüsse, die
eigentlich noch Nebenflüsse eines andern Hauptflusses
sein sollten, garnicht in diesen gelangen, sondern unmittelbar selbst ins Meer fliessen." „Ein Thal ist
immer aus mehreren Nebenthälern, die wieder ihre
Nebenthäler und Nebenflüsse haben, zusammengesetzt
anzusehen, bei denen dann wiederum dasselbe stattfindet, dass sie von der Quelle bis zur Mündung in immer
spitzerm Winkel sich dem Hauptthale zuneigen und dass,
da die Entwicklung des Nebenflusses ebenso durch den
zwischentretenden Hauptfluss gehemmt wird, wie die des
letztern durch das zwischentretende Meer, dann auch
wieder einige Nebenflüsse von Nebenflüssen diese nicht erreichen, sondern unmittelbar in den Hauptfluss gehen" [1]).

Ganz im Sinne Kohls, dem wir unsererseits
nur zustimmen, äusserte sich auch Dana: „The
interior of the United States belongs to one
river system, that of the Mississippi; its tributary
streams rise on the west among the snows of the
Rocky mountains, on the north in the central plateau
of the continent, west of the Lake Superior, and on
the east in the Appalachians. — Besides the Mississippi, there are other rivers rising in the Rocky
Mountains and flowing into the Gulf of Mexico; and
in a comprehensive view of the continent, these belong
to the same great river system" [2]).

Dagegen hätte wohl garnicht auf irgend welche Zustimmung zu rechnen Leonardo da Vinci, wenn derselbe lehrt: „The greatest river in our world is the Mediterranean river, which moves from the sources of the Nile

---

[1]) Man vergleiche das dazu gehörige Schema bei Kohl.

[2]) Manual of geology, New York 1875. p. 22. Vergl.
Humphreys and Abbot, Report on the physics and hydraulics of
the Mississippi river etc. Philadelphia 1861. p. 47. Anm.

to the Western ocean"[1]). „The shores of the sea are constantly moving towards the middle of the sea and displace it from its original position. The lowest portion of the Mediterranean will be reserved for the bed and current of the Nile, the largest river that flows into that sea. And with it are grouped all its tributaries, which at first fell into the sea; as may be seen with the Po and its tributaries, which first fell

---

[1]) Über die tiefste Stelle der mediterranen Wasserfläche vergl. Süss, Antlitz der Erde. II. Wien 1888. p. 552. Nur im historischen Interesse teilen wir hier folgendes Schreiben von Elie de Beaumont an A. v. Humboldt mit. (Poggendorffs Annal. der Physik. Leipzig 1832. Bd. XXV. p. 54—56.) „Die Sekularerkaltung, d. h. die langsame Entweichung der ursprünglichen Wärme, welcher die Planeten ihre sphärische Form und die allgemein regelmässige Anordnung ihrer Schichten, gemäss dem spezifischen Gewichte, vom Mittelpunkt nach der Oberfläche, verdanken, — die Sekularerkaltung — bietet in der That ein Element dar, auf welches, wie es scheint, sich diese ausserordentlichen Vorgänge beziehen lassen. Dies Element ist das Verhältnis, welches eine soweit vorgerückte Erkaltung, wie die eines planetischen Körpers, unaufhörlich zwischen der Kapazität seiner starren Hülle und dem Volumen seiner innern Masse herbeiführt. In einer gegebenen Zeit verändert sich die Temperatur des Innern eines Planeten weit beträchtlicher, als die seiner Oberfläche, deren Erkaltung gegenwärtig fast unmerklich ist. Ohne Zweifel kennen wir nicht die physischen Eigenschaften der Stoffe, aus denen die Planeten bestehen; allein die natürlichsten Analogien führen auf den Gedanken, dass die Hülle dieser Weltkörper, ungeachtet der fast vollkommenen Beständigkeit ihrer Temperatur, durch die Ungleichheit der in Rede stehenden Erkaltung in die Notwendigkeit versetzt werden muss, unaufhörlich ihre Kapazität zu verringern, damit sie nicht aufhöre, sich genau an die innern Massen anzuschliessen, deren Temperatur merklich abnimmt. Diese Massen müssen sich demnach ein wenig und fortschreitend von der ihnen zukommenden und einem Maximum der Kapazität entsprechenden Sphäroidalform entfernen; und die beständig wachsende Tendenz, auf diese Figur zurückzukommen, sie mag nun für sich allein oder vereint mit andern etwaigen innern Veränderungsursachen wirken, liefert wahrscheinlich eine vollständige Erklärung von der plötzlichen Bildung der Runzeln und verschiedenartigen Knorren, welche auf der äussern Erdkruste, und

into that sea, which between the Appenines and the
German Alps was united to the Adriatic sea" [1]).

Grössere Aussicht auf einige Zustimmung würde
Leonardi vielleicht haben, wenn er, statt des Mittel-
meers, das Schwarze Meer oder die Ostsee genannt
hätte. Bei beiden könnte er mit dem Admiral Norden-
ankar darauf hinweisen, dass sie zu den Binnenseen
zu rechnen sind, deren allgemeines Kennzeichen es sei,
dass sie höher liegen als das Weltmeer, die also mit
einem oberflächlichen Gefälle gegen die Nordsee und
das Mittelmeer versehen sind, die daher auch zu diesen
hinabfliessen, also münden. Er würde dann hinweisen
können darauf, dass der Wasserspiegel von Ostsee wie
Schwarzem Meer Schwankungen nach den Jahreszeiten
unterliege [2]), Schwankungen, welche von der Wasser-
lieferung ihrer Seitenflüsse abhängig sind. Dass bei der
Ostsee dieselben im Norden, gewissermassen dem Quellgebiet, beträchtlicher, als im Süden, dem Mündungsgebiet,
vermag die Ähnlichkeit zwischen ihr und einem Hauptflusse nur noch zu vergrössern [3]). In bezug auf ihre
resp. Zuflüsse würde er besonders betonen deren horizontale und vertikale Stellung, dass hierin einerseits
die schwedischen, andererseits die deutsch-russischen

vermuthlich auf der Oberfläche aller übrigen Planeten, von Zeit
zu Zeit entstanden sind." (cf. Peter. Mitt. 1888. Literaturbericht
No. 124.) Dreissig Jahre später trat Ramsay (Glacial origin of
lakes. Q. J. G. S. London 1862. p. 191) entschieden für die Ent-
stehung der Kettengebirge durch Faltung der Erdrinde ein.
Übrigens schrieb schon Edward Hitchcock (Illustrations of surface
geology. Smith. Contr. to knowledge. Washington 1857. p. 85. 86),
dass „waves, tides and currents have done most to give our
present continents their form and outline — if we suppose a continent gradually rising or falling."
    [1]) The literary works of Leonardo da Vinci, compiled etc.
by Jean Paul Richter. Vol. II. London 1883. § 1092. 1063. 953.
    [2]) The literary works etc. § 1082. 1090.
    [3]) Süss, Antlitz etc. II. p. 500 folg. 549. Vergl. Ritter,
Europa. Berlin 1863. p. 163.

Zuflüsse der Ostsee Analogieen der letzteren gegenüber besitzen, wie auch die südrussischen resp. kleinasiatischen dem Schwarzen Meer gegenüber. Zur weitern Bekräftigung würde er dann wohl sicher im stande sein, noch andere analoge Eigenschaften jeder der betreffenden Reihen von Nebenflüssen zuzuweisen. In bezug auf das Schwarze Meer böte er uns vielleicht noch ein Zukunftsbild, wie es K. F. Peters entworfen: „Das Schwarze Meer wird durch die Flusssinkstoffe beständig weiter ausgefüllt, und absehbar ist die Zeit, in der sich Dnjepr, Dnjestr und Donau zu einem Delta werden vereinigt haben. Ja selbst die Zukunft ist nicht undenkbar, in der die Ausfüllung des ganzen Pontusbeckens eine vollständige sein wird, und die Flüsse sich durch weitläufige Terrassenlandschaften neuer Bildung in eine schmale, nach dem Bosporus hin ausmündende Mulde ergiessen werden" [1]). Für die Ostsee aber möchte er uns mit Erich v. Drygalski zurückführen in ferne Zeiten, bevor „das Ostseebecken durch eine Bodensenkung entstanden war, welche gleichzeitig die anliegenden Flachländer ergriff und sich erst in der Entfernung verlor" [2]). Doch verlassen wir diese weiteren Perspektiven.

Als Beispiel von Nebenflüssen, welche ihrem Hauptflusse dauernd kein Wasser zuführen, nennen wir auf Grund ihrer gleichen und dem Hauptflusse entgegengesetzten horizontalen und vertikalen Stellung,

[1]) Die Donau und ihr Gebiet. Internat. Wissenschaftl. Biblioth. XIX. Leipzig 1876. p. 346. 25. Mit Berufung auf den Amazonas: Wallace, A narrative etc. p. 427. Orton, The Andes etc. p. 116.
[2]) Die Geoiddeformationen der Eiszeit. Z. d. G. f. Erdk. Berlin XXII. 1887. p. 244. Durch dieses zur Diluvialzeit entstandene Senkungsfeld (p. 279) wurde jene Veränderung in der horizontalen und vertikalen Stellung der norddeutschen Flüsse veranlasst, welche aus ostwestlich gerichteten Hauptflüssen südnördlich gerichtete machte, vorbereitet durch die Evorsion der Schmelzwasser des sich zurückziehenden Gletscherrandes.

die dem Nordrande des iranischen Hochlandes ent-
strömenden, zum Oxus hinziehenden, aber vorher versiegenden Flüsse, wie z. B. diejenigen von Balch
und Merw.

Wie wir schon oben in der Einleitung ganz kurz
andeuteten und wie es sich hoffentlich aus der weitern
Ausführung bereits ergeben hat, ist mit unserer Auffassung von dem Wesen von Hauptfluss und Nebenfluss die bisherige Bestimmung der „korrespondierenden
Begriffe" [1]) Stromgebiet und Stromsystem nicht länger
vereinbar. Dieselbe lautete bei dem bekannten Hydro-
graphen Otto: „Die sämmtlichen Quellen, Bäche und
Flüsse, deren Wasser in einen Strom zusammenfliesst,
vom Ursprunge an bis zu seinem Ausflusse, oder der
Bezirk und Flächeninhalt eines Landes, dessen Wasser
der Fluss ableitet, und von dem er unterhalten wird,
machen das Gebiet desselben aus" [2]).

Ritter lehrt: „Alle zu einem gemeinsamen Tiefstrom vereinigt, bilden ein Naturganzes. Dies ist das
Stromsystem, welches zugleich das Stromgebiet in sich
begreift" [3]).

Auffällig ist, dass auch Kohl, trotz der oben besprochenen richtigen Auffassung über die Stellung der
Nebenflüsse innerhalb des betreffenden Systems doch
schreiben konnte: „Aus diesem Zusammenfallen immer
grösserer Flüsse entsteht nun das, was wir ein Flusssystem nennen können, insofern wir darunter die ganze
Zusammensetzung aller der verschiedenen Wasser-
adern verstehen, und was man ein Flussgebiet zu
nennen pflegt, insofern man darunter die ganze Terrain-

---

[1]) Ritter, Allgemeine Erdkunde. Daniel. 1862. p. 163.
[2]) Joh. Friedr. Wilh. Otto, Hydrographie. Berlin 1800. p. 138.
Beinahe wörtlich schliesst sich an Hassel, Vollständiges Handbuch der neuesten Erdbeschreibung. I. Weimar 1819. p. 233.
[3]) Ritter, a. a. O. Vergl. Ritter-Berghaus, Die ersten Elemente der Erdbeschreibung. Berlin 1830. p. 44.

oberfläche versteht, von der sämtliches Wasser sich in
einen Faden oder Sammler vereinigt" [1]).

Ebenso wie diese und andere ältere Forscher
sprechen sich auch die neusten aus.

Sonklar: „Das Stromgebiet ist jener mehr oder
minder ausgedehnte Hohlraum der Erdoberfläche, dessen
fliessendes Gewässer, stamme es aus Quellen, vom
Regen oder aus der Schmelze von Schnee und Eis
her, sich zuletzt in einem und demselben Rinnsale
vereinigt" [2]).

Geikie: „Jeder grosse Strom bildet den natürlichen Abflusskanal für ein weites Gebiet. Man nennt
ein solches Gebiet das Flussgebiet oder Entwässerungs-
gebiet eines Flusses" [3]).

Russell Hinman schreibt: „A stream, and
all the lesser streams that contribute water to it,
constitute collectively a stream system. The whole
surface of the land whose inclination is such that it
contributes water in time of wet weather to any
stream of a system is called the drainage basin, or
simply the basin of the main stream of that system" [4]).

Schliesslich führen wir an die Erklärung von
Josef Zaffauk Edler von Orion: „Flussgebiet ist
jener Terrainstrich, dessen gesamte Gewässer von ein
und demselben Flusse oder Strome aufgenommen
werden" [5]).

Nach den von uns oben gegebenen Auseinandersetzungen und den angeführten Beispielen von
Tocantins, Etsch, Uruguay, Rio Dulce etc. kann

[1]) Kohl, Der Verkehr und die Ansiedlungen der Menschen
etc. Dresden 1841. p. 399.

[2]) Sonklar, Allgemeine Orographie. Wien 1873. p. 149.

[3]) Geikie, Kurzes Lehrbuch der Physikalischen Geographie.
Strassburg 1881. p. 244.

[4]) Hinman, Eclectic physical geography. Cincinnati 1888.
p. 206.

[5]) Die Erdrinde und ihre Formen. Wien 1885. p. 24.

es nun aber unseres Erachtens nach keinem Zweifel
unterliegen, dass diese von den genannten Forschern
allgemein verlangte schliessliche Konfluenz in einen
Tiefstrom ein notwendiges, konstituierendes Element
des Begriffs Stromgebiet nicht ist. Wir werden vielmehr den Begriff Stromgebiet vielleicht richtiger defi-
nieren als das von der Gesamtheit derjenigen Flüsse
durchzogene Gebiet, welche dieselbe, dem gemeinsamen
Hauptflusse gegenüber analoge horizontale und vertikale Stellung besitzen, sei es, dass sie den gemeinsamen Hauptfluss erreichen, sei es, dass sie ihn nicht
erreichen, indem sie entweder vorher versiegen oder
selbständig das Meer erreichen [1]).

Wenn Geikie Flussgebiet und Entwässerungs-
gebiet so ohne weiteres mit einander identifiziert, so
ist das gewiss in vielen Fällen richtig, aber eben nicht
in allen. Das z. B. von Po, Paraguay-Parana, Amazonas etc. entwässerte Gebiet ist kleiner als die betreffenden Flussgebiete. Jene oben genannten Defini-
tionen passen wohl auf den Begriff Entwässerungs-
gebiet, aber nicht auf den Begriff Flussgebiet [2]).

Zum Schlusse unserer Abhandlung erscheint es

---

[1]) Gerade unserer Auffassung entgegengesetzt, schrieb D e s -
m a r e s t (Encyclopédie méthodique. Géographie physique. I. Paris
l'an troisième. p. 817): „On a tort de réunir dans un même bassin
toutes les rivières qui versent leurs eaux à la mer par une même
embouchure, quoiqu'elles les tirent originellement de diverses
chaines de montagnes." etc.

[2]) Dabei übersehen wir durchaus nicht ein anderes Verhältnis,
in welchem beide oben genannte Begriffe zu einander stehen.
Wenn das den Zufluss liefernde, durch unterirdische Wasser-
scheiden abgegrenzte Gebiet über die oberflächlichen Wasser-
scheiden des Niederschlagsgebietes hinausreicht, was sicherlich
öfter als bisher direkt nachgewiesen der Fall ist, so ist das Ent-
wässerungsgebiet grösser als das Flussgebiet. Vergl. Keller,
Regenmenge und Abflussmenge. (Humboldt, Zeitschrift I. 1882.
p. 438 und folg.) Pralle, Beitrag zur Bestimmung des durch die
Flüsse abgeführten Teiles der Niederschlagsmengen. (Zeitschrift
des Arch. u. Ing. V. zu Hannover, 1877. p. 77.)

nötig, noch einmal zurückzukommen auf das von uns
angenommene, Haupt- und Nebenfluss unterscheidende
Merkmal, die horizontale und vertikale Stellung.
Da nämlich eine ganze Anzahl von Forschern bestimmt und ausgesprochenermassen nur die vertikale
Dimension als entscheidenden Faktor benutzt, die horizontale dagegen in höchst unbestimmten Wendungen
und verschämt, vielleicht sogar nur von uns in der Not
hineininterpretiert, auftritt, so möchte sich die Frage
erheben, weshalb nicht auch wir die vertikale Dimension
allein berücksichtigt hätten. Würde sich doch der for-
mulierte Gegensatz zwischen dem Hauptflusse und seinen
Nebenflüssen viel schärfer, viel bestimmter herausheben.
Dass wir an der horizontalen Stellung ebenso wie an
der vertikalen als entscheidendem Merkmal festhalten,
liegt an folgenden Gründen.
Ritter schrieb: „Die volle Wirkung solcher räum-
lichen Verhältnisse auf das Besondere und Allgemeine
kann nicht aus einer einseitigen Ansicht derselben her-
vorgehen. Die horizontale Dimension, die geographische,
ist nur diese eine Seite räumlicher Verhältnisse, unter
welcher die Länderstrecken erscheinen. Zur vollständigen
Anschauung ihrer Gestaltung und deren Einwirkungen
gehört notwendig die vertikale Dimension der Räume,
die physikalische, welche jene hundertfältig ergänzt und
bedingt.“[1] Ebenso wie hier Ritter gegenüber der einseitigen Anwendung der horizontalen Dimension die
Bedeutung der vertikalen hervorhebt und vor ihrer Ver-
nachlässigung warnt, müssen wir umgekehrt die Wichtigkeit der horizontalen betonen. Beide Erscheinungs-
formen sind gleich wichtig. Wird doch die Lage eines
Objekts gleichmässig durch seine Länge und Breite,
also die horizontale, wie durch seine Höhe, also die
vertikale Dimension bestimmt. Wenn die Lage über-

---

[1] Einleitung u. Abhandlungen etc. Berlin 1852. p. 127.

haupt entscheidendes Merkmal ist, und wir zweifeln
gar nicht daran, so erscheint uns dies gleichmässige
Heranziehen beider Dimensionen nur als konsequent.
Ausserdem geben wir folgendes zu bedenken. Die
vertikale Stellung kann ihre unterscheidende Kraft verlieren, die horizontale behält die ihrige stets. Wenn
z. B. der Fluss A in den Punkten B, C und D die Nebenflüsse E, F, G erhielte, so liesse sich wohl der Fall denken, dass, entweder infolge ursprünglicher Anlage oder
späteren verschieden schnellen Einschneidens, der Fluss
A in den oberhalb der Punkte B, C und D gelegenen
Strecken mit den betreffenden hier einmündenden Flüssen
gleich hoch liege [1]). Denken wir doch an das wich-
tigste Agens, die Zeit! Damit aber wäre die Höhenlage
als unterscheidendes Merkmal belanglos geworden, die
horizontale Anordnung bliebe allein als bestimmender
Faktor übrig.

Drittens führen wir die Garonne als Beispiel
gegen die einseitige Berücksichtigung der vertikalen
Lage als ausschlaggebenden Momentes ins Feld. Wer
nämlich vermöchte mit den Verfassern der „Formes
du terrain“ De la Noe und De Margerie auf
Grund dieses Momentes und an der Hand des von
ihnen gegebenen Profils [2]), wenn wir die „richtige“
Nomenklatur berücksichtigen, in dem Lot den Hauptfluss zu erblicken und als seine Nebenflüsse Tarn und
Dordogne zu erkennen? Als Nebenflüsse des Tarn
ergeben sich Aveyron und Garonne. Wir sind nicht
gesonnen, bloss an das geographische Schicklichkeitsgefühl zu appellieren, weil ein zu sehr individuelles
Moment, obwohl dessen Gefühlsprotest uns hier wirklich am Platze zu sein schiene; wir begnügen uns zur
Entgegnung nicht bloss mit der Frage, ob jemand im

---

[1]) Vergl. De La Noe et De Margerie, Les formes tu terrain.
Texte. Paris 1888. p. 75. 76.

[2]) A. a. O. p. 62. Planche XVIII. Fig. 51.

stande wäre, z. B. die Dordogne als Hauptfluss des
Garonne-Systems zu bezeichnen, auch wenn diese vor
sämtlichen Armen desselben sich am meisten der
Horizontalen näherte? Wir geben vielmehr zu bedenken, dass Tarn, Aveyron, Lot und Dordogne derselben nach SW. gerichteten Abdachungsfläche angehören, dass ihre innerhalb derselben verschiedenen
Höhenlagen als nur ganz lokale, bald durch diesen,
bald durch jenen Faktor veranlasste Erscheinungen,
jene, in der ursprünglichen Anlage gegebene, Zugehörigkeit zu der gemeinschaftlichen Abdachungsfläche
garnicht zu verwischen und aufzuheben im stande sind.
Ihre gleichartige horizontale Stellung, durch jene Zugehörigkeit bedingt, dient als weiterer Beweis. Stets
muss unter Abstraktion von den lokalen eine Anschauung der Gesamtverhältnisse des fraglichen Gebietes zu grunde liegen. Je grösser das betreffende
Gebiet, desto geringwertiger sind lokale, vertikale wie
horizontale, Momente für die Entscheidung. Aus demselben Grunde vermöchten wir auch nicht in dem
heutigen Minnesota River, obwohl derselbe niedriger
liegt als der oberhalb St. Paul gelegene Teil des
Mississippi und obwohl er letzterem augenblicklich als
Erosionsbasis dient, die weitere, nördliche Fortsetzung
des betreffenden Hauptflusses zu erblicken. Eine über
die ganze Erde in starrem Festhalten an dem Satz:
„qui reste partout le plus voisin de l'horizontale"
durchgeführte Bezeichnung des jedesmaligen Hauptflusses würde, wie wir schon vorher bemerkten, die
Stärke des Merkmals, aber, wie wir jetzt wohl hinzu-
fügen dürfen, ebenso unzweifelhaft seine ganze Schwäche
beweisen.

Es erscheint selbstverständlich, dass wir als (rechte
oder linke) Quellflüsse eines Systems solche sich vereinigende Flüsse desselben bezeichnen, von denen jeder
zusammen mit der unterhalb der Vereinigung gelegenen,

also beiden gemeinschaftlichen Fortsetzung, auf Grund
seiner Stellung den Hauptfluss für die betreffende
rechte oder linke Seite des Flussgebiets bildet. So
vereinigen sich z. B. die beiden Quellflüsse . des
Garonne-Systems in der Nähe von Moissac, der eine
als Thoré-Agout-Tarn, der andere von La Barthe de
Maur aus als Neste-Garonne, um unter letzterm Namen
vereint weiterzufliessen.

Als Ergebnisse unseres potamogeographischen Ver-
suches [1]) stellen wir hin: 1. Es handelt sich bei der
Frage nach Hauptfluss und Nebenfluss nicht um die
Eigennamen, sondern vielmehr um eine begriffliche
Nachbildung. 2. Die bisher genannten Merkmale, z. B.
Länge, Wassermasse etc., erscheinen als ungeeignet,
die spezifische Differenz zwischen Hauptfluss und Nebenfluss zu kennzeichnen. 3. Als charakteristisches, unterscheidendes Merkmal erweist sich allein die Lage, in
ihrer vertikalen wie horizontalen Erscheinung, unter
steter Berücksichtigung der Gesamtverhältnisse des
betreffenden Gebiets. 4. Auch selbständig das Meer
erreichende Flüsse sind als Nebenflüsse zu bezeichnen,
sobald sie eine mit andern Nebenflüssen des betreffenden Systems gleichartige Lage besitzen.

[1]) Citius emergit veritas ex errore quam ex confusione.

Druck von Herrcke & Lebeling in Stettin.

www.ingramcontent.com/pod-product-compliance
Lightning Source LLC
Chambersburg PA
CBHW021817190326
41518CB00007B/630